Geisteswissenschaftliche Pädagogik, Krieg und Nationalsozialismus

Thomas Gatzemann
Anja-Silvia Göing
(Hrsg.)

Geisteswissenschaftliche Pädagogik, Krieg und Nationalsozialismus

Kritische Fragen nach der Verbindung
von Pädagogik, Politik und Militär

PETER LANG
Frankfurt am Main · Berlin · Bern · Bruxelles · New York · Oxford · Wien

Bibliografische Information Der Deutschen Bibliothek
Die Deutsche Bibliothek verzeichnet diese Publikation in der
Deutschen Nationalbibliografie; detaillierte bibliografische
Daten sind im Internet über <http://dnb.ddb.de> abrufbar.

ISBN 3-631-50840-9
© Peter Lang GmbH
Europäischer Verlag der Wissenschaften
Frankfurt am Main 2004
Alle Rechte vorbehalten.

Das Werk einschließlich aller seiner Teile ist urheberrechtlich
geschützt. Jede Verwertung außerhalb der engen Grenzen des
Urheberrechtsgesetzes ist ohne Zustimmung des Verlages
unzulässig und strafbar. Das gilt insbesondere für
Vervielfältigungen, Übersetzungen, Mikroverfilmungen und die
Einspeicherung und Verarbeitung in elektronischen Systemen.

www.peterlang.de

Inhaltsverzeichnis

Vorwort 7

Winfried Böhm
Der Krieg als Erzieher.
Die Verherrlichung des Krieges durch die Pädagogik 9

Andreas von Prondczynsky
Kriegspädagogik 1914 - 1918
Ein nahezu blinder Fleck der Historischen Bildungsforschung 37

Bernd Wegner
Erziehung zum Tod: Himmler, die SS und das Leitbild des
‚politischen Soldaten' 69

Anja-Silvia Göing
"Grosse Worte": Instrumentalisierung
von kulturellen Werten bei Eduard Spranger 89

Kurt Beutler
Der Begriff der Militärpädagogik bei Erich Weniger 109

Uwe Hartmann
Erich Wenigers Militärpädagogik 125

Alexander Stühmer
Das Verhältnis von Politik und Pädagogik im Werk Herman Nohls ... 141

Thomas Gatzemann
Fehlformen pädagogischer Theoriebildung. Theodor Litts bildungstheoretische Kritik an Faschismus und pädagogischer Autonomie 165

Autorenverzeichnis 185

Vorwort

An der Universität der Bundeswehr Hamburg fand im Dezember 2001 ein Workshop zur Problematik von Geisteswissenschaftlicher Pädagogik, Krieg und Nationalsozialismus statt. Die Veranstaltung stand in der Tradition der Hamburger Gespräche zur Pädagogik, die Fragen aus dem Diskurs der historischen Bildungsphilosophie aufgreifen. Die dargebotenen Analysen wurden inzwischen ergänzt und weiter ausgearbeitet. Die Ergebnisse werden in diesem Band vorgestellt. Darin geht es zunächst um die geistesgeschichtlichen Wurzeln von Kriegsverherrlichung sowie die ideologiekritische Analyse der in ihrem Sog entstandenen und schon lange vor der Machtergreifung durch den NS-Staat angebahnten Erziehungs- und Bildungsvorstellungen, denen auch reformpädagogische Konzepte zuzuordnen sind. Sodann wird jene Phase eigenständiger pädagogischer Theorieproduktion und Reflexivität genauer untersucht, die bereits im Umfeld des Ersten Weltkrieges ein eigentümliches kriegspädagogisches Denken und kriegserzieherische Konzeptionen ausbildet. Doch auch die Positionen von bildungspolitisch tätigen Akteuren im Faschismus (Heinrich Himmler) werden durchleuchtet; im engen Zusammenhag damit das Leitbild des politischen Soldaten, dessen Prototyp der SS-Mann sein sollte. Im weiteren wird bezogen auf Schriften von Eduard Spranger der These nachgegangen, dass „Kulturworte" zu Leerformeln werden können, die in unterschiedlichen (etwa nationalsozialistischen) Kontexten instrumentalisierbar sind, sofern ihre Konnotationen an der sozialen Praxis nicht reflektiert werden. Mithin wird hier auch die Abgrenzungsschwierigkeit der geisteswissenschaftlichen Pädagogik zum Nationalsozialismus diskutiert. In diesem Sinne werden die unterschiedlichen Segmente und beinahe diametralen erziehungs- und bildungstheoretischen Interpretationsmöglichkeiten in zwei Beiträgen anhand der Militärpädagogik Erich Wenigers entfaltet sowie deren Bedeutung für die neuen deutschen Streitkräfte in der Bundesrepublik Deutschland herausgestellt. Das diffizile Wechselverhältnis von Pädagogik und Politik im Werk Herman Nohls ist Gegenstand einer Betrachtung, die auch Auskunft über sein Geschichts- und Menschbild gibt sowie seine Einstellung zum Nationalsozialismus begründet. Zuletzt wird das bildungstheoretisch-erkenntniskritische Grundgerüst Theodor Litts erkundet, in dessen stringenter Gedankenführung auch seine Kritik am nationalsozialistischen Denken und an den Fehlformen pädagogischer Theoriebildung verwoben ist.

Unser Dank gilt den folgenden Personen, die Workshop und Publikation ermöglicht haben:
Dem Präsidenten der Universität der Bundeswehr Hamburg, Herrn Dr. Hans-Georg Schultz-Gerstein, danken wir für die Bereitstellung der Räumlichkeiten, dem damaligen Dekan des Fachbereichs Pädagogik, Herrn Prof. Dr. Arnulf von Scheliha, für die Bewilligung der notwendigen finanziellen Mittel, den Studierenden für die intellektuelle Vorbereitung des Workshops im Seminar, Marianne Hirschberg und Felix Pohner für die technische Betreuung sowie Ulrike Frost, die die redaktionelle Arbeit mit Souveränität und Geduld gemeistert hat. Unser besonderer Dank gilt den Referenten resp. Autoren für Ihre Beiträge. Hervorzuheben ist die wissenschaftliche Begleitung durch Herrn Prof. Dr. Manfred Jourdan, aus dessen Schülerkreis die Idee für dieses Projekt erwachsen ist.

Die Herausgeber

Winfried Böhm

Der Krieg als Erzieher.
Die Verherrlichung des Krieges durch die Pädagogik

(Musikbeispiel: „Legion Condor-Bombenflieger-Marsch" 3:23 min.;
Projektion 1 - 7: Bilder aus Fibeln und Schulbüchern)

Meine Damen und Herren!

Es wäre leicht und gewiß auch illustrativ, mit jenen audiovisuellen Dokumenten fortzufahren, von denen ich einige wenige zur Einstimmung auf unser Thema ausgewählt habe. Aber so interessant und erhellend eine solche Abfolge von Bildern und Tönen auch wäre, so würde sie doch eine doppelte Gefahr in sich bergen.

Zum einen könnten dergleichen Dokumente aus Kaiserreich, Weimarer Republik und nationalsozialistischer Diktatur leicht den falschen Eindruck erwecken, es handle sich bei der Kriegsverherrlichung durch die Pädagogik nur um eine historische Erscheinung, die weit zurückliegt und die wir deshalb getrost zu jenen Phänomenen zählen können, welche wir längst „geschichtlich bewältigt" haben. Zum anderen würden solche Dokumente nur eine für jedermann offenkundige manifeste Kriegsverherrlichung deutlich machen und möglicherweise jene latente Kriegsverherrlichung eher verdecken und vertuschen, die in Schule und Erziehung viel heimtückischer und viel verborgener am Werke ist – im kaiserlichen Deutschland ebenso wie in der Weimarer Republik, im Dritten Reich ebenso wie in den Nachkriegsdemokratien.

Anlaß zu dieser argwöhnischen Einschätzung liefert uns die zutiefst befremdliche Tatsache, daß die Pädagogik der Nationalsozialisten bruch- und nahtlos an die pädagogischen Grundideen von Kaiserreich und Weimarer Republik anknüpfen konnte und daß dominierende Denkmuster in der gegenwärtigen Erziehungs- und Schulreformdiskussion aus dem gleichen Zeitraum und aus dem nämlichen ideologischen Dunstkreis stammen. Gewiß wird sich nicht von einer linearen Abhängigkeit bzw. von einer folgerichtigen Kontinuität sprechen lassen, wohl aber von einer strukturellen Affinität, die sich einerseits in einer autoritären Gehorsamserziehung und andererseits in einem naiven Vertrauen auf organologische Denkmuster, in einer romantisierenden Abwehr der Moderne und in einem (v)erklärten Anti-Liberalismus, gepaart mit politischer Romantik, äußert.[1]

Es liegt auf der Hand, daß der Erziehungsphilosoph und Bildungstheoretiker – anders als der Erziehungs- und Schulhistoriker – nicht so sehr an dem

---

[1] Siehe dazu u. a. Bruno Schonig: Irrationalismus als pädagogische Tradition, Weinheim 1973; Heinz-Elmar Tenorth: Deutsche Erziehungswissenschaft 1930 – 1945, in: Zeitschrift für Pädagogik, 32 (1986), S. 299–321; Jürgen Oelkers: Pädagogischer Liberalismus und nationale Gemeinschaft, in: Ulrich Herrmann und Jürgen Oelkers (Hrsg.): Pädagogik und Nationalsozialismus, Weinheim 1989; Hermann Giesecke: Hitlers Pädagogen, Weinheim 1993; Ernst Hojer: Nationalsozialismus und Pädagogik, München 1996.

geschichtlichen Faktum jener manifesten Kriegsverherrlichung interessiert ist, sondern sein Augenmerk viel mehr auf jene latente Kriegsverherrlichung richtet und zu richten hat, die der Schule als Institution und der Erziehung als einer anthropologischen Grundgegebenheit innezuwohnen scheint. Wer den wirklichen Krieg manifest als Erzieher feiern wollte, der würde heute in der Tat Schimpf und Schande einer breiten Mehrheit auf sich laden; wer den Krieg als Ideal jedoch latent für pädagogisch wertvoll hält oder ihm unbemerkt erzieherisch zuarbeitet, der scheint sich auch heute noch, horribile dictu: gerade heute wieder, des Wohlwollens eines breiten pädagogischen Publikums erfreuen zu können.

Um diese überaus gewagte und jedenfalls höchst provokative These zu begründen, bedarf es eines größeren geistesgeschichtlichen Ausgriffs und einer ideologiekritischen Analyse des pädagogischen Denkens. Der eine bildet den ersten Teil, die andere den zweiten Teil dieses auf die notwendigen Kernaussagen verdichteten und ob dieser thesenhaften Verknappung gewiß anfechtbaren Referates.

1 Vom Sündenfall des romantischen Denkens

Die Geschichtsphilosophie der Aufklärung[2] hatte das vereinigende Element des gesamten Geschichtsprozesses in jenem Fortschritt gesehen, in dem sich Vernunft, Künste, Wissenschaften, technisches Können sowie wirtschaftliche und politische Freiheit immer stärker durchsetzen.[3] Mag dieser Fortschrittsoptimismus einmal stärker und einmal schwächer ausgeprägt gewesen sein, so stand doch insgesamt die undialektisch-lineare Vorstellung Pate, daß dieser Fortschritt als eine ständig wachsende Anhäufung zu begreifen wäre, wobei die Geschichte als ein riesiger Behälter gedacht wurde, in dem sich die Früchte dieses Fortschritts sammelten. Entsprechend der mit dieser

---

[2] Siehe dazu ausführlich Bogdan Suchodolski: Anthropologie philosophique aux XVIIe et XVIIIe siècles, Warszawa 1981; auch Ernst Cassirer: Die Philosophie der Aufklärung, Tübingen 1932.

[3] Zum Problem des Fortschritts siehe den Dokumentationsband vom 8. Würzburger Symposium: Fortschritt als Schicksal? Hrsg. von Hans Michael Baumgartner, Winfried Böhm und Martin Lindauer, Stuttgart 1997.

Vorstellung verbundenen mechanistischen Betrachtung der Natur und der Realität mußten die Erträge dieses Fortschritts umso rascher zunehmen, je mehr Menschen und Nationen friedlich zusammenarbeiteten und sich um die unbeschränkte Bereitstellung der wissenschaftlichen, künstlerischen, kulturellen und politischen Errungenschaften bemühten. Je mehr menschliche Kraft durch unfruchtbare Konflikte, gar durch sinnlose Kriege vergeudet und je mehr die menschlichen Möglichkeiten dadurch verringert und eingeschränkt würden, desto später würde das Ziel der Geschichte erreicht.[4]

In Deutschland hat vor allem Friedrich Daniel Ernst Schleiermacher diesen aufklärerischen Fortschrittsgedanken zur Grundlage seiner gesamten Pädagogik gemacht und dabei die Ethik als die kumulative Ansammlung aller einzelnen Güter bis zu jenem Endpunkt begriffen, an dem die Idee des höchsten Gutes erreicht und der Geschichtsverlauf vollendet sein würde.[5]

Die Romantik hat an dieser linearen Konzeption des geschichtlichen Verlaufs herbe Kritik geübt[6] und eine konfliktfreie Vorstellung des historischen Prozesses entschieden zurückgewiesen. Herder behauptete in seiner „Auch eine Philosophie der Geschichte der Menschheit" von 1774, daß die Idee von einem stillen Fortgang des menschlichen Geistes zur Verbesserung der Welt „kaum etwas anderes als ein Phantom unserer Köpfe, nie Gottes Gang in der Natur ist."[7] Eine solche harmonisierende Geschichtsphilosophie wäre allenfalls aus der Perspektive der göttlichen Vorsehung möglich, in der irdisch-zeitlichen Wirklichkeit aber hätte jedes Volk die Absicht, sich allen anderen zu widersetzen, und es brächte eine neue Form der Zivilisation nur dadurch hervor, daß es diejenigen Formen verabscheute, die durch andere Völker verkörpert

---

[4] Siehe dazu und zum folgenden Massimo Mori: Das Bild des Krieges bei den deutschen Philosophen, in: Die Wiedergeburt des Krieges aus dem Geist der Revolution, hrsg. von Johannes Kunisch und Herfried Münkler, Berlin 1999, S. 225–240.

[5] Siehe dazu als klassisches Werk Albert Reble: Schleiermachers Kulturphilosophie, Erfurt 1934, und neuerdings Birgitta Fuchs: Schleiermachers dialektische Grundlegung der Pädagogik, Bad Heilbrunn 1998.

[6] Siehe dazu vor allem Isaiah Berlin: The Roots of Romanticism, Princeton N. J. 1999, und vom gleichen Autor: The Apotheosis of the Romantic Will, in: The Crooked Timber of Humanity, New York 1959.

[7] Johann Gottfried Herder: Sämmtliche Werke (Suphan-Ausgabe), Bd. 5, S. 532.

wurden. Insofern war es für Herder der Haß unter den Völkern, welcher „Entwicklung, Fortgang, Stufen der Leiter" zeitigte.[8]

Wenn Fichte in den „Grundzügen des gegenwärtigen Zeitalters" 1806 und in seiner „Staatslehre" von 1813 ein ideales Normalvolk (als Verkörperung der absoluten Vernunft) den vielen historischen Völkern (als Verkörperungen der reinen Wildheit) gegenübergestellt hat, dann tat er das auf der Folie seiner „Wissenschaftslehre", in der er das absolute Ich als Träger einer vollkommenen Kultur dem Nicht-Ich als der natürlichen Negation der absoluten Vernunft entgegengesetzt hatte, und er lieferte damit einen für die deutsche Pädagogik über viele Jahrzehnte hinweg maßgeblichen Grundgedanken.

Jenseits dieser Überlegenheitseuphorie des deutschen Volkes erörterte Hegel in seiner „Phänomenologie des Geistes", einem der bedeutendsten Werke der deutschen Kulturgeschichte, die Beziehung zwischen zwei individuellen Selbstbewußtseinen unter derselben Kategorie wie die Auseinandersetzung zwischen zwei Staaten, nämlich unter der Kategorie der Anerkennung, und er kam dabei zu dem folgenreichen Schluß, daß unter zwei Individuen sich unbedingte Anerkennung nur als Ergebnis eines Kampfes auf Leben und Tod einstellen könne, bei dem sich das eine kraft seiner Bereitschaft, eher zu sterben, als seine Beziehung zum Allgemeinen aufzugeben, als Herrschernatur und das andere sich als knechtisch erweist, indem es sich, nur um das besondere Gut des Lebens zu retten, seinen Gegnern unterwirft und der Abhängigkeit von ihnen anheim gibt. So, wie die Individuen in ihrem Kampf um Anerkennung ihr Leben riskierten, müßten die Staaten im Krieg ihren ökonomischen und politischen Apparat aufs Spiel setzen, um sich als wahre Träger des absoluten Geistes zu erweisen. Der Kampf zwischen den Individuen und der Krieg zwischen den Staaten sei also nicht eine bloß äußerliche Zufälligkeit, sondern – wie es in §324 der Rechtsphilosophie heißt – „substantielle Pflicht", und erläuternd wurde hinzugefügt: „... die Pflicht, durch Gefahr und Aufopferung ihres Eigentums und Lebens, ohnehin ihres Meinens und alles dessen, was von selbst in dem

---

[8] Ebda., S. 489.

Umfange des Lebens begriffen ist, diese substantielle Individualität, die Unabhängigkeit und Souveränität des Staats zu erhalten."[9]

Meine aufmerksamen Zuhörerinnen und Zuhörer werden wohl längst mit ihren Gedanken vorausgeprescht sein und sich schon nach den Konsequenzen für Erziehung und Schule fragen, welche diese romantische Verkehrung des aufklärerischen Geschichts- und Weltverständnisses nach sich ziehen mußte. Bevor wir darauf eingehen, ist jedoch noch an eine andere Veränderung zu erinnern, die das bisher Gesagte verschärft und dramatisiert.

Bei diesem zweiten Punkt geht es um den Wandel der naturrechtlichen Auffassung des Staates und der internationalen Beziehungen. Die Naturrechtslehre der Aufklärung hatte eine Theorie der politisch-juristischen Beziehungen entwickelt, in welcher der Friede als oberstes Ziel galt. Den Staat selbst hatte diese Doktrin als eine Vereinigung von Individuen betrachtet, wobei dem politischen Ganzen keinerlei Wertautonomie gegenüber den einzelnen Teilen zukam. Der Staat konnte danach keinen anderen Zweck haben als die Summe der individuellen Einzelzwecke. Und weil es den Individuen natürlicherweise um Frieden, Glück und Wohlergehen und nicht um Krieg, Unglück und einen frühen Opfertod zu tun ist, hatte der Staat grundsätzlich pazifistische und eudämonistische Ziele zu verfolgen.

In den knappen vier Jahrzehnten zwischen der Französischen Revolution und Hegels Tod erfuhr diese Staatsauffassung einen radikalen Wandel.[10] An die Stelle einer mechanistischen Konzeption trat auf verhängnisvolle Weise ein organologisches Modell. Die Rede vom Staat als „politischer Organismus" griff um sich und wurde zum Gemeingut der nach- bzw. gegenaufklärerischen Kultur. Da nach Kant Totalität und Autonomie Hauptmerkmale eines Organismus sind, wurde der Staat nach diesem organologischen Modell nicht

---

[9] Georg Friedrich Wilhelm Hegel: Grundlinien der Philosophie des Rechts, Theorie Werkausgabe Bd. 7, Frankfurt am Main 1970, S. 491.
[10] Vgl. dazu u. a. Ingeborg Maus: Zur Aufklärung der Demokratietheorie, Frankfurt a. M. 1992.

mehr als eine freie und vernunftgeleitete Assoziation von Individuen angesehen, sondern als eine Totalität, die autonom über die Individuen verfügen konnte: „Die Unterordnung des Staates unter das Individuum verkehrt sich in Zweckdienlichkeit des Individuums für den Staat."[11] Da der politische Organismus auf diese Weise eine eigene Finalität erwarb, hatten die Individuen fürderhin ihre eigenen Interessen und ihr persönliches Glück, notfalls auch ihr Leben zu opfern, wenn es die Staatsziele erheischten.

Weil mit diesem Begriff des Organismus das Prinzip der vitalen Bewegtheit und der vitalen Ausdehnung verbunden war, konnte nicht mehr die aufklärerisch-naturrechtliche Ruhe des Friedens als politisch erstrebenswert gelten, sondern die Bewegung des Krieges wurde nun zum Indiz für einen gesunden Staat. Adam Müller hat diese Gedanken 1922 in seinen „Die Elemente der Staatskunst" gebündelt und zugleich auf die hier zu erörternden pädagogischen Folgen hingewiesen. Damit jedes Individuum bereit ist, sich im Bedarfsfall in einen Soldaten zu verwandeln, muß auch die von ihm ausgeübte zivile Tätigkeit in Friedenszeiten durchdrungen sein von jenem kriegerischen Geist, der seine Unternehmungen in Zeiten des Krieges beseelt.[12]
Der wahre Krieg wird in diesem Horizont der Volkskrieg, und das Volk wird – das ist die einhellige Überzeugung von Fichte bis Hitler – so recht eigentlich erst durch das Durchkämpfen dieses Volkskrieges zum Volk, so daß – wie Ernst Moritz Arndt glaubte raten zu müssen – die Staatserziehung sogar Feindseligkeit und jenen „wohlthätigen Haß" vorbereiten und erzeugen müsse, damit das bewegte Volk nicht Gefahr laufe, in einem platten und trägen Kosmopolitismus zu erlahmen.[13]

Zu allem bisher Gesagten kam folgerichtig noch eine Umwertung des Glücksstrebens hinzu, die das individuelle Glück als Ziel der öffentlichen Erziehung und der Staatsschule diffamierte, den ethischen Wert des Opfers (und damit indirekt des Krieges) gegenüber dem eudämonistischen Luststreben (und

---

[11] Massimo Mori: A. a. O., S. 233.
[12] Adam Müller: Die Elemente der Staatskunst, Jena 1922, Bd. 1.
[13] Siehe dazu Ernst Moritz Arndt: Geist der Zeit, in: Schriften IV, 1806 – 1818; Neudruck 1908.

damit indirekt des Friedens) verkündete und den Krieg als jene Ernst- und Grenzsituation werten ließ, „wo Neigung und Pflicht sich kontrastiv gegenüberstehen und der Mensch gezwungen ist, seine höchsten sittlichen Kräfte gegen die Anlagen zur Trägheit und Sinnlichkeit zu entwickeln."[14] Humboldt sah dann im Krieg „eine der heilsamsten Erscheinungen zur Bildung des Menschengeschlechts"[15], Schiller pries ihn in der „Braut von Messina" als „moralisches Bad", und Hegel meinte im Hinblick auf die Bildung der Menschheit, daß der Geist des Krieges die friedliebende Krämerseele der Völker zügeln müsse, wenn diese ihre sittliche Gesundheit erhalten und ihre Mitglieder die höchste und allgemeinste Tugend erwerben sollen: absolute Tapferkeit.[16]

2 Die Verirrungen des pädagogischen Denkens

Wenn wir uns nun dem pädagogischen Denken in Kaiserreich, Weimarer Republik und Nationalsozialismus zuwenden, dann darf es uns nicht im geringsten verwundern, daß auch die Pädagogik, also das theoretische Nachdenken über die praktische Erziehung[17], in den Sog dieser philosophisch-politischen Ideologien geriet; und wenn wir davon ausgehen dürfen, daß professionelle Lehrer und Erzieher sich pädagogisch etwas denken, bevor sie unterrichten und erziehen – jedenfalls sollten sie das doch tun! –, dann kann auch nicht überraschen, daß die öffentlichen Erzieher und die staatlichen Lehrer von diesem Geist erfaßt und zum Teil sogar mitgerissen wurden. Die manifeste Kriegserziehung im Kaiserreich[18], die Militarisierung der männlichen Jugend

---

[14] Massimo Mori: A. a. O., S. 237.

[15] Wilhelm von Humboldt: Ideen zu einem Versuch, die Gränzen des Staates zu bestimmen, in: Gesammelte Schriften in 17 Bänden, Berlin 1903 – 1936, Bd. 1, S. 136.

[16] Georg Friedrich Hegel: Schriften zur Politik und Rechtsphilosophie, Leipzig 1923, S. 240.

[17] Zu diesem Verständnis von Pädagogik vgl. Winfried Böhm: Theorie und Praxis. Eine Einführung in das pädagogische Grundproblem, 2. Auflage, Würzburg 1995.

[18] Vgl. dazu vor allem Heinz Lemmermann: Kriegserziehung im Kaiserreich. Studien zur politischen Funktion von Schule und Schulmusik 1890 – 1918. Band 1: Darstellung, Bremen 1984.

und ihr Einsatz im Ersten Weltkrieg[19] und die pädagogische Kriegsvorbereitung im Nationalsozialismus erscheinen geradezu als logische Konsequenzen einer geistigen Mobilmachung[20] durch ein bestimmtes romantisierendes und gegenaufklärerisches Denken, das – und hier wird die zentrale Botschaft am Ende meines Vortrags liegen – derzeit in der schulpädagogischen und bildungspolitischen Diskussion zunehmend wieder an Boden gewinnt.

Doch ehe ich dieses mit ein paar groben Strichen kennzeichnen werde, muß ich mich mit einigen Worten jener „Schwarzen Pädagogik" zuwenden, die im 19. Jahrhundert, vor allem unter dem Einfluß des Pietismus, vorherrschte und eine allen romantischen Verklärungen abholde Form des Autoritarismus hervorgebracht und dem Militarismus des Kaiserreichs kräftig den Boden bereitet hat. Es handelt sich um jene Erziehung zum blinden Gehorsam und zu jener Untertanengesinnung, die, wie die von Theodor W. Adorno 1950 vorgelegten Studien über den autoritären Charakter (der Deutschen) gezeigt haben[21], auch noch dem Nationalsozialismus pädagogisch das Feld bestellt haben. Ich beschränke mich (aus Zeitgründen) auf das bloße Anführen von vier Zitaten; aber diese stammen aus so maßgeblichen Lehr- und Handbüchern der Zeit, daß ihre Repräsentativität nicht zu bestreiten ist.

Bei dem ansonsten wegen seiner philanthropischen Grundeinstellung berühmten Johann Georg Sulzer, Schulreformer und Mitglied der Königlichen Akademie der Wissenschaften, werden als die beiden Hauptaufgaben der Kindererziehung das Brechen des kindlichen Eigenwillens und der Zwang unter einen unerbittlichen Gehorsam bezeichnet, und zwar bereits in den ersten beiden Jahren: „Kann man da den Kindern den Willen benehmen, so erinnern sie sich hernach niemals mehr, daß sie einen Willen gehabt haben und die Schärfe, die

---

[19] Vgl. dazu Christoph Schubert-Weller: „Kein schönrer Tod..." Die Militarisierung der männlichen Jugend und ihr Einsatz im Ersten Weltkrieg, München 1998.
[20] Siehe dazu Kurt Flasch: Die geistige Mobilmachung. Die deutschen Intellektuellen und der Erste Weltkrieg, Berlin 2000.
[21] Theodor W. Adorno, E. Frenkel-Brunswik, D. J. Levinson, R. N. Sanford: The Authoritarian Personality, New York 1950.

1. Stil - le, stil - le, mäus - chen - still, Kin - der, weil's der Leh - rer will!
Denn wir Kin - der sind noch klein, müs - sen im - mer ar - tig sein.

2. Gute Kinder folgen gern,   Darum schweigt nur still, habt acht
und das Schreien bleibet fern.   Höret was der Lehrer sagt!

Aus: Johann Martin, „Kinderklänge". Coburg 1845.

man wird brauchen müssen, hat auch eben deswegen keine schlimmen Folgen."[22] In einem weitverbreiteten Lehrerhandbuch von Lorenz Kellner heißt es zu dieser Gehorsamserziehung: „Werden Gründe (scil.: für eine Gehorsamsforderung) mitgeteilt, so weiß ich überhaupt nicht, wie wir noch von Gehorsam sprechen können. Wir wollen durch solche die Überzeugung herbeiführen, und das Kind, welches endlich diese gewonnen hat, gehorcht nicht uns, sondern eben nur jenen Gründen; an die Stelle der Ehrfurcht gegen eine höhere Intelligenz tritt die selbstgefällige Unterordnung unter die eigene Einsicht."[23] In einer der maßgeblichen Erziehungs-Enzyklopädien des 19. Jahrhunderts stehen zu eben dieser Gehorsamserziehung die infamen Sätze: „Scheinbar fremder Gewalt sich hingebend, bekommt man in der Tat den Willen in eigene Gewalt; denn dieser hört auf, als bloße Naturkraft zu wirken und wird zum leitbaren Werkzeuge."[24] In einem außerordentlich einflußreichen Buch für die Ausbildung von Lehrern wird mit dem Motto „Lerne vom Militär!"

---

[22] Johann Georg Sulzer: Versuch von der Erziehung und Unterweisung der Kinder, in: J. G. Sulzer: Pädagogische Schriften, hrsg. von W. Klinke, Langensalza 1922, S. 132.

[23] Lorenz Kellner: Pädagogik der Volksschule in Aphorismen. Ein Beitrag zur Belebung der Lehrerkonferenzen und der Berufsliebe, 3. Auflage, Essen 1852, S. 22.

[24] K. A. Schmid (Hrsg.): Enzyklopädie des gesamten Erziehungs- und Unterrichtswesens, 10 Bände, 2. Auflage, Gotha 1876 – 1887; hier zitiert nach Katharina Rutschky (Hrsg.): Schwarze Pädagogik. Quellen zur Naturgeschichte der bürgerlichen Erziehung, Frankfurt am Main 1977, S. 163.

die Militarisierung der Schulsprache gefordert und dabei zwischen Ordnungskommandos, Revisionskommandos, Unterrichtskommandos und dem Kommando beim Verlassen der Schule unterschieden. Wie beim Militär Kommandos statt durch Worte auch durch Trommeln und Blasen ersetzt werden, so kann sich der Lehrer der Schulglocke, aber auch verschiedener Zeichen (Klopfen, Schlagen, Winken etc.) bedienen, was oft schon allein zur Schonung der Lehrerlunge angeraten erscheint. Abschließend schreibt der erfahrene Lehrerbildner: „Die Ausführung der Kommandos muß eingeübt werden, damit dem Lehrer das Kommandieren, dem Schüler die pünktliche Befolgung zur zweiten Natur werde. Ein «sich gehen lassen» auf dieser oder jener Seite ist von den nachteiligsten Folgen. Die Zucht einer Schülermasse gelingt umso besser, je mehr der Lehrer sich in Zucht hält."[25]

Wir sind mit diesem letzten Zitat chronologisch und logisch nicht mehr weit entfernt von der entscheidenden und zukunftsweisenden Schulkonferenz von 1890, die von Kaiser Wilhelm II. mit einem geharnischten Appell zur pädagogischen Verfertigung von jenem Menschenmaterial eröffnet wird, dessen Deutschland für den Kampf um die Weltstellung bedarf; bei dieser Konferenz wird die Militarisierung von Schule und Erziehung zum erklärten Programm erhoben. Major Fleck als Vertreter des Kriegsministeriums verkündet ungeschminkt die Forderung, der totale, blinde Gehorsamsanspruch der Armee müsse in der Schule vorbereitet werden, und in einem Zitat seiner flammenden Rede gibt er das Motto aus, das wiederum für Jahrzehnte als Richtschnur für die Schulpolitik gelten sollte: „Die Armee muß dumm sein; dann ist sie unbesieglich; denn mit der Dummheit kämpfen Götter selbst vergeblich."[26]
Nur noch grotesk kann heute der Zynismus anmuten, mit dem der Kommandierende General und Armeeinspekteur Colmar Freiherr von der Goltz über die Kriegslüsternheit der deutschen Jugend spricht: „Leicht trennt sich nur

---

[25] H. F. Kahle: Grundzüge der evangelischen Volkserziehung. 2 Bände, Breslau 1890; Zitat in Bd. 1, S. 297.
[26] Verhandlungen über Fragen des höheren Unterrichts, Berlin 4. bis 17. Dez. 1890. Im Auftrage des Ministers der geistlichen Unterrichts- und Medizinalangelegenheiten, Berlin 1891, S. 228.

7. Infanterie-Sturm-Angriff.

Infanterie greift an! Die Stellung des Feindes soll im Sturm genommen werden. Wer meldet sich freiwillig? Eine gefährliche Sache, die das Leben kosten kann! Aber bei unseren mutigen Kameraden gibt's kein langes Besinnen. Helden wollen sie sein und Feigheit kennen sie nicht!

Hansjörg und Michel, die im gewöhnlichen Leben bei jeder Kellerei die ersten sind, stürmen voran, die andern todesmutig hinterdrein. Flintenschüsse krachen, Säbel klirren, Handgranaten explodieren. Der Feind, überrascht und erschreckt, kommt in Verwirrung. Es ist unserer braven Infanterie ein Leichtes, in die feindlichen Stellungen einzudringen und den Gegner zu überwältigen.

die Jugend vom Leben. Sie ist noch nicht durch die tausend Fäden, die das bürgerliche Leben um uns schlingt, an diese Erde gefesselt. Sie hat noch nicht gelernt, mit dem Verbrauch der Lebenszeit zu kargen. ... Die Sehnsucht nach Erlebnissen macht sie kriegslustig. Ruhe und Genuß, das Streben des reiferen Alters, liegen ihr fern. Sie tritt mit Freude und Sorglosigkeit in den Kampf, die beide zu der blutigen Arbeit notwendig sind. Die Stärke eines Volkes liegt in seiner Jugend! Wohl dem Lande, wo in Elternhaus und Schule eine leiblich und sittlich kernige, wehrhafte Jugend für den Heeresdienst erzogen wird."[27]

Ich versage mir an dieser Stelle, auf fast gleichlautende Äußerungen aus der Deutschen Jugendbewegung und aus dem Munde Adolf Hitlers hinzuweisen; solche Äußerungen sind nur allzu bekannt, als daß sie hier wiederholt werden müßten.

Es waren keineswegs nur Militärs, die solche Töne anschlugen. Der Erfolgsautor Rudolf Eucken, der einzige Nobelpreisträger unter den deutschen Philosophieprofessoren, erblickte im Ausbruch des Ersten Weltkrieges den Durchbruch deutschen Wesens, und er feierte in erhebender Manier die sittlichen Kräfte des Krieges; der Krieg gebe dem Leben einen gewaltigen Ernst; mit Spiel und Tand sei es vorbei, und im Gehorsam der Pflicht gewinne der Mensch „hohen Adel der Seele"[28]. Auch sein Marburger Kollege Paul Natorp, ein Glanzlicht des pädagogischen Neukantianismus, wertete den Krieg als Befreiung des Tatmenschen aus der intellektuellen Verödung seiner Gemütskräfte, und er deutete den Ersten Weltkrieg als die glückliche Geburtsstunde eines „Sozialismus der Gemeinschaft", bei dem die Gleichheit der Menschen aus ihrer gleichen Bereitschaft erwüchse, sich – „vom Kaiser bis zum kleinsten Sozialdemokraten" – bedingungslos einer Befehls- und Gehorsamshierarchie einzuordnen. In der Bildung einer solchen Volksgemeinschaft erblickte Natorp den eigentlich pädagogischen Weltberuf

---

[27] Colmar von der Goltz: Das Volk in Waffen, in: E. von Schenckendorff/H. Lorenz (Hrsg.): Wehrkraft durch Erziehung. Im Namen des Ausschusses zur Förderung der Wehrkraft durch Erziehung, Leipzig 1904, S. 73.
[28] Siehe dazu Hermann Lübbe: Politische Philosophie in Deutschland, München 1974, S. 182.

der Deutschen, den sie gegen die gleichmacherische, erdumspannende Zivilisation des Westens zu einer neuen Weltkultur auszubauen und zu verbreiten hätten.[29]

In den weit ausstrahlenden Pädagogik-Vorlesungen des hochrenommierten Berliner Philosophen und Pädagogen Friedrich Paulsen wurde der Krieg prinzipiell in die pädagogische Reflexion einbezogen: „Krieg und Kampf bleiben Übel, aber sie sind notwendige Übel. Im Himmel ist ewiger Friede, auf Erden herrscht der Krieg, und er läßt sich nicht ausschalten." Deshalb muß der kriegerische Geist, dessen Wiedererwachen Paulsen emphatisch begrüßt, kulturell und pädagogisch zum Prinzip erhoben werden: Der kriegerische Geist „gibt all jenen Dingen zuletzt das spannende Interesse, in der kriegerischen Ausbildung, wie sie durch die allgemeine Wehrpflicht gestaltet ist, erhält die gymnastische Erziehung der Jugend ihren Abschluß und ihr letztes Ziel. Übrigens hat dieser neue kriegerische Geist offenbar auch unmittelbar eine große Umformung des inneren Habitus bewirkt. So wenig man an der Wiederbelebung der kriegerischen Instinkte in der europäischen Völkerwelt unbedingte Freude haben kann ..., so ist doch nicht zu verkennen, daß die Nationen dadurch aus dem dumpfen, kraftlosen, unkriegerischen, degenerierenden Philistertum ... zu würdigerem Dasein emporgehoben worden sind. An die Stelle jener Spießbürger, die an einem Gespräch von Krieg und Kriegsgeschrei, wenn hinten weit in der Türkei die Völker aufeinander schlagen, sich ergötzen, sind wieder Männer getreten, die Eisen im Blut haben und wissen, daß die Völkerschicksale mit durch die wehrhafte Hand entschieden werden."[30]

Es ist mir fast peinlich, daß ich hier nicht verschweigen kann, wie stark auch die Gallionsfigur der bayerischen Pädagogik, der erzkonservative Georg Kerschensteiner, in das gleiche Horn blies: „Der Wert unserer Schulerziehung,

---

[29] Paul Natorp: Deutscher Weltberuf. Geschichtsphilosophische Richtlinien, Jena 1918.
[30] Zitiert nach Heinz Lemmermann: Kriegserziehung im Kaiserreich. Studien zur politischen Funktion von Schule und Schulmusik 1890-1918. Band 1: Darstellung, Bremen 1984, S. 55.

soweit sie die großen Volksmassen genießen, beruht im wesentlichen weniger auf der Ausbildung des Gedankenkreises als vielmehr in der konsequenten Erziehung zu fleißiger, gewissenhafter, gründlicher, sauberer Arbeit, in der stetigen Gewöhnung zu unbedingtem Gehorsam und treuer Pflichterfüllung und in der autoritativen unablässigen Anleitung zum Ausüben der Dienstgefälligkeit."
Und dieser bis heute hochverehrte Vater der Berufsschule und Erfinder der Arbeitsschule erklärte völlig ungeniert das einheitliche Prinzip aller Erziehung: „Wer zum Menschen erzogen werden will, muß zum Kampfe erzogen werden und nicht zum Frieden."[31]

Ohne daß ich einen einzigen nationalsozialistischen Pädagogen heranzuziehen brauche, will ich nur noch den Göttinger Pädagogik-Professor Erich Weniger nennen, einen wahren Herold der Wehrerziehung und in den 1950er Jahren ein schulebildendes Haupt der deutschen Nachkriegspädagogik, der die Fortdauer dieser Gedanken ebenso eindrucksvoll wie exemplarisch bezeugt. In einem 1950 geschriebenen Aufsatz über Philosophie und Bildung im Denken von Clausewitz rühmt er die „kriegerische Anthropologie" dieses Autors und stilisiert dessen Kriegstheorie zu einem vorbildhaften Erziehungsprogramm empor – ein Erziehungsprogramm deshalb, weil es mit dem positiven Willen, der Lust am Tun, vor allem dem Wetteifer bei den Männern rechnet.[32]

Ich breche an dieser Stelle meine beliebig weit ausdehnbare Liste der Belege für eine manifeste Kriegsverherrlichung durch die deutsche Pädagogik ab und wende mich nunmehr dem eigentlich brisanten Teil meiner Ausführungen zu: jener latenten Kriegsverherrlichung, die sich so geschickt verbirgt, daß sie sich manchmal sogar den Deckmantel des Pazifismus umlegt und in aller Regel als die neueste Idee der Erziehungs- und Schulreform auftritt, – heutzutage als eine demokratische noch dazu. Die Rede soll sein von jenen aus dem Kaiserreich

---

[31] Georg Kerschensteiner: Staatsbürgerliche Erziehung der deutschen Jugend, Erfurt 1901, S. 34 f.
[32] Siehe dazu Barbara Siemsen: Erich Weniger, der „militante" Reformpädagoge, in: Winfried Böhm/Jürgen Oelkers (Hrsg.): Reformpädagogik kontrovers, 2. Auflage, Würzburg 1999, S. 127 – 138.

stammenden, in der Weimarer Republik mit mäßigem Erfolg praktizierten und heute mit großem Getön als pädagogisches Heilswissen verkündeten pädagogischen Ideologien und Modellen der sogenannten Reformpädagogik.

Bei allem Vorbehalt, den man gegen eine so pauschalisierende Darstellung dieser pädagogischen Reformvorstellungen einräumen muß, wie ich sie hier nur geben kann, lassen sich doch wenigstens drei durchgängige Thesen identifizieren, die diese Bewegung von Grund auf kennzeichnen und durch unsere pädagogische Gegenwartsdiskussion irrlichtern: Erstens die Verherrlichung der Gemeinschaft gegenüber der Gesellschaft; zweitens die Geringschätzung des Lernens gegenüber dem Erlebnis; und drittens der Kampf gegen die angebliche Verkopfung von Schule und Erziehung.

Ich beschränke mich auf diese drei Punkte, weil sie sich leicht beispielhaft darstellen lassen und weil sie zu jenen Ingredienzen gehören, die Kurt Sontheimer als das die Weimarer Republik unterhöhlende antidemokratische Denken analysiert[33] und Ralf Dahrendorf als Kernstücke der Deutschen Ideologie beschrieben hat: jene „melancholische Sehnsucht nach Sicherheit, die der modernen Welt die Fähigkeit abspricht, Menschen glücklich zu machen."[34] Alle drei Momente sind Ausdruck eines antiintellektuellen, gegenaufklärerischen Affronts, und ich stehe nicht an, sie metaphorisch als Trojanische Pferde einer undemokratischen Erziehung und Schule zu bezeichnen.[35]

---

[33] Kurt Sontheimer: Antidemokratisches Denken in der Weimarer Republik, München 1962.
[34] Ralf Dahrendorf: Gesellschaft und Demokratie in Deutschland, München 1968, S. 151.
[35] Vgl. zum folgenden überblickartig Diethard Kerbs/Jürgen Reulecke (Hrsg.): Handbuch der deutschen Reformbewegungen 1880 – 1933, Wuppertal 1998.

1. Jürgen Oelkers, Heinz Elmar Tenorth, der Autor dieses Textes und andere Kritiker der Reformpädagogik haben als ihren eigentlichen Humusboden eine grundsätzliche Ablehnung der Moderne und der modernen Gesellschaft aufgedeckt. Dieses feindselige Ressentiment gegen die moderne Gesellschaft schafft sich Luft in einer emotional überhöhten Verherrlichung der vormodernen Gemeinschaft und in deren Gleichsetzung mit Volk und Nation – nicht der Realität, wohl aber der Idee nach. Die moderne Gesellschaft ist durch innere Spannungen und Auseinandersetzungen gekennzeichnet; aber sie kennt Institutionen und Verfahrensweisen für deren rationalen Austrag. Dadurch ist sie zivilisiert. In der älteren Form der Gemeinschaft herrscht gewachsene Einheit und ein organisches Zusammenwirken der Teile. „Sie ist eine Welt der menschlichen Nestwärme, gefestigt durch Eintracht, Sitte und Religion, also nicht bloß äußerlich und rational, sondern auf den Wesenswillen gegründet."[36]

---

[36] Ralf Dahrendorf: A. a. O., S. 153f.

Sie repräsentiert in der träumerischen Vision alles, was in der modernen demokratischen Gesellschaft nicht vorkommt: Harmonie und Ganzheit, Natur und Gemüt. Ferdinand Tönnies, der den Gegensatz zwischen Gemeinschaft und Gesellschaft auf klassische Weise formuliert hat[37], sah sie auf einem „Wesenswillen" gegründet.

Dieser schönen Gemeinschaft der Gemüter wurde in scharfer Konfrontation die herzlose Vertragsgesellschaft der Gegenwart entgegengesetzt, die nur auf einem „Kürwillen" beruht. Im Hinblick auf die Schule hieß das, sie als eine Institution der Gesellschaft zu verunglimpfen und die weltfremde Traumidylle von einer gewachsenen, organischen Gemeinschaft in die Welt zu setzen. Die Hauptvorwürfe, die sich aus dieser einseitigen und unrealistischen Sicht der Schule ergaben, lauteten bei allen Kritikern ziemlich gleich: Spezialistentum, Konkurrenzdenken, Entindividualisierung und Intellektualisierung, heute auf simplifizierende Weise eingedeutscht als „Verkopfung".

---

[37] Ferdinand Tönnies: Gemeinschaft und Gesellschaft, Leipzig 1887.

Der Pädagoge, an dem sich diese antidemokratische und gegenaufklärerische Sicht der Schule am anschaulichsten exemplifizieren läßt, ist Peter Petersen, geistig im Kaiserreich wurzelnd und dennoch ebenso hochgeschätzter Pädagogik-Professor in der Weimarer Republik, im Dritten Reich und in der DDR. An der Universität Jena entwickelte er seinen weltberühmten, nach jener Stadt benannten Schulplan, der heute zu den meistgepriesenen Reformkonzepten gehört[38]. Er versteht diesen Plan als einen Plan der Volkserziehung, wobei er bei dem „deutschen Edelwort" Volk eine metaphysische Einheit von Kultur und Überlieferung vor Augen hat, die er als die „Summe der geistigen Kulturschöpfungen, Ideengestaltungen, Lebensgewohnheiten und Eigentümlichkeiten des Handelns" vor Augen hat – heute würde man das vielleicht eine Leitkultur nennen. Die verkopfte Schule muß nach Petersen beseitigt und an ihre Stelle eine Schule gesetzt werden, die die einzelnen zur Liebe zum Volk erzieht und jedes Individuum innerhalb des Volkes als eine Tateinheit in die organische Volkseinheit eingliedert und auflöst. Die einzelnen Völker sieht er zusammengesetzt durch verschiedene Menschentypen: den massenhaften Bodensatz des Volkes bilden die Eingeweidetypen; diese Menschen „sind nichts anderes als Eingeweide, nicht zu entbehren wie diese, aber ihr Leben ist Erwerben zum Fressen und Saufen, Spielen und Tanzen, Huren und Buben."[39] Über dieser Schicht erheben sich die Relativ-Passiven, die auf die Geistigkeit ihres Volkes eingestellt sind, und als dritte Schicht die wenigen Führer, welche die Gabe der Überschau und eine besondere Berufung zum Führertum besitzen.

Im Dritten Reich beruft sich der Schöpfer des Jena-Plans natürlich auf den Führer des deutschen Volkes und rühmt an ihm vor allem seine pädagogische Weisheit, die ihn den in der Schule vorherrschenden Intellektualismus, sprich: die Verkopfung, ablehnen und eine Erziehung fordern läßt, die ganz aus dem völkischen Urgrunde schöpft. Den Jena-Plan, heute als demokratisches

---

[38] Jan Dirk Imelmann, J. M. Paul Jeunhomme, Wilna A. J. Meijer: Jena-Plan. Eine begriffsanalytische Kritik, Weinheim 1996.
[39] Dietrich Benner: Peter Petersens Jenaplan zwischen naturalistischer Pädagogik und pädagogischer Tatsachenforschung, in: Rassegna di Pedagogia/Pädagogische Umschau, 58 (2000), S. 143 – 173; Zitat auf S. 154.

Schulkonzept ausgegeben, empfiehlt er dem Führer Adolf Hitler vor allem deshalb, weil in ihm mit der Verkopfung endlich Schluß gemacht und statt dessen völkische Sitten und Bräuche und vor allem Feste und Feiern in den Vordergrund treten, die das Individuum unmerklich in das Leben der Volksgemeinschaft hineinwachsen lassen. Denn der Einzelne ist nichts, die Gemeinschaft ist alles. Wohlgemerkt: die organische (Volks-)Gemeinschaft, nicht die demokratische (Vertrags-)Gesellschaft.

2. Legt Petersens gegenaufklärerische Gemeinschaftserziehung das pädagogische Schwergewicht auf Feiern, Feste und das sogenannte Schulleben, so will eine andere heute gewaltig reüssierende Pädagogik die kalte Intellektualität der Lernschule dadurch überwinden, daß sie in den Mittelpunkt das glutvolle Erlebnis stellt. Geht man den Wurzeln dieser Erlebnispädagogik nach, so reichen auch sie bis in die Kaiserzeit zurück, als man auf der genannten Schulkonferenz die „trockenen" Lehrgegenstände des Schulunterrichts durch die Pflege des Gefühls und die Stählung des Willens ersetzen wollte.

Als der eigentliche Begründer und als der wohl profundeste Theoretiker der Erlebnispädagogik muß Kurt Hahn angesehen werden, dessen Leben von 1886 – 1974 reicht und damit alle vier hier in Rede stehenden politischen Epochen überspannt.[40] Hahn geht von einer sehr kritischen Einschätzung der Jugend seiner Zeit aus, die er mit dem vielsagend metaphorischen Satz beginnt: „Das Weideland der heutigen Jugend ist ungesund." Sodann bemängelt er das Fehlen wichtiger Tugenden wie Einsatzbereitschaft, Tatwille, Engagement und Tapferkeit. Bei der theoretischen Begründung seines Erlebnisbegriffs stützt er sich auf den amerikanischen Philosophen und Psychologen William James. Selbst überzeugter Pazifist, war James dennoch der Überzeugung, daß so wertvoll erscheinende Tugenden wie Kühnheit, Tapferkeit, Liebe zur Gemeinschaft und Härte nirgends besser ausgebildet werden könnten als im Krieg. Da aber der Krieg nicht um der Erziehung der Jugend willen veranstaltet

---

[40] Siehe dazu Kurt Hahn: Erziehung zur Verantwortung. Reden und Aufsätze, Stuttgart 1958; ders.: Erziehung und die Krise der Demokratie, hrsg. von Michael Knoll, Stuttgart 1986.

Kameradschaft

werden kann und da er außer seinen großen erzieherischen Wirkungen auch ungewollte zerstörerische Nebenwirkungen mit sich bringt, geht es James und nach ihm auch Hahn darum, ein pädagogisches Äquivalent zum Krieg zu finden und zu etablieren, das jene von der Schule vernachlässigten Tugenden auch in Friedenszeiten wecken und fördern kann.[41] Dieses moralisch-pädagogische Äquivalent zum Krieg findet Hahn in der Dynamik des Rettens, die dann die Grundlage seiner Erlebnistherapie und Erlebnispädagogik wird. „Die Leidenschaft des Rettens entbindet eine Dynamik der menschlichen Seele, die noch gewaltiger ist als die Dynamik des Krieges."[42]

3. Der Kampf gegen die angebliche Verkopfung der Schule hat sich in den Jahren der Weimarer Republik vor allem aus der Lebensphilosophie genährt[43], und er spitzt sich heute bildungspolitisch vor allem auf die Durchsetzung eines erklärten Erziehungsauftrags der Schule zu, der den aufklärenden Unterricht hintanstellen, bisweilen sogar beiseite schieben und durch eine sozialromantische Erziehung ersetzen soll. Oswald Spengler hat das lebensphilosophische Glaubensbekenntnis 1919 auf die einfache Formel gebracht: „Wir glauben nicht mehr an die Macht der Vernunft über das Leben. Wir fühlen, daß das Leben die Vernunft beherrscht."[44] Die heute lauthals verkündete Parole „Kopf, Herz und Hand" droht dort, wo sie Herz und Hand gegen den Kopf auszuspielen versucht, am Ende selbst kopflos zu werden. Dabei ist auch die Propagierung eines Erziehungsauftrags der Schule und die Bevorzugung der Erziehung vor dem Unterricht nicht eine Errungenschaft

---

[41] Siehe dazu William James: The Moral Equivalent of War, in: The Writings of William James, ed. J. Dermott, New York 1967.
[42] Kurt Hahn: Erziehung und die Krise der Demokratie, in: Kurt Hahn: Reform mit Augenmaß. Ausgewählte Schriften eines Politikers und Pädagogen, hrsg. von Michael Knoll, Stuttgart 1998, S. 303. Vgl. dazu die unveröffentlichte Diplomarbeit von Markus Till: Der Erlebnisbegriff in der Erlebnispädagogik Kurt Hahns, Würzburg 2000.
[43] Siehe dazu u. a. Helmuth Kiesel: Aufklärung und neuer Irrationalismus in der Weimarer Republik, in: Jochen Schmidt (Hrsg.): Aufklärung und Gegenaufklärung in der europäischen Literatur, Philosophie und Politik von der Antike bis zur Gegenwart, Darmstadt 1989, S. 497-521. Ebenso Angelika Ebrecht: Das individuelle Ganze. Zum Psychologismus der Lebensphilosophie, Stuttgart 1992.
[44] Oswald Spengler: Preußentum und Sozialismus, München 1919, S. 82

moderner Demokratien, sondern eine Hypothek totalitärer Systeme; in jedem Falle aber Ausdruck einer gegenaufklärerischen Sicht der Schule.

Es kann deshalb nicht verwundern, wenn wir die entschiedensten Verfechter eines Erziehungsauftrags der Schule nicht unter den gegenwärtigen Pädagogen finden, sondern unter jenen Hitlers.[45] 1937 schrieb Reichshauptstellenleiter Hans Stricker: „Die deutschen Lehrer handeln ohne Zweifel nach dem Willen des Führers, wenn sie sich mit aller Entschiedenheit dagegen wehren, im nationalsozialistischen Staat nur noch beamtete Kenntnisvermittler mit streng abgesonderten Pflichten und Befugnissen zu werden. Die deutschen Lehrer sind Erzieher."[46]

Bei Hitlers Chefideologen Alfred Rosenberg 1935 und nicht etwa in einem jüngeren Ministerialerlaß oder bei einem unserer demokratischen Schulreformer heißt es: „Die deutsche Erziehung wird nicht formal-ästhetisch sein, sie wird nicht eine abstrakte Vernunftgestaltung anstreben, sondern sie wird in erster Linie eine Erziehung des Charakters darstellen. ... Ein großer Mensch und seine Tat erscheinen uns tausendmal wichtiger und erzieherisch wirksamer als eine scheinbar noch so kluge, vernunftmäßige Theorie."[47]

Erlauben Sie mir am Ende ein kurzes Fazit. Wir sind von einem aufklärerischen Staatsverständnis ausgegangen und haben seine romantische Umformung betrachtet. Das organologische Modell von Staat und Gemeinschaft hat sich uns als gegenaufklärerisch dargestellt, und die daraus fließenden pädagogischen Konsequenzen erschienen uns höchst problematisch im Hinblick auf Mündigkeit, Selbständigkeit und Selbstbestimmung der Person. Das hat uns veranlaßt, neben einer manifesten auch von einer latenten Kriegsverherrlichung zu reden. Diese scheint uns überall dort als Gefahr gegeben, wo die

---

[45] Siehe dazu Hermann Giesecke: Hitlers Pädagogen. Theorie und Praxis nationalsozialistischer Erziehung, Weinheim 1993.

[46] Hans Stricker: Der Erzieher, in: Die neue Schule, H.3/1937, S. 160-162; zitiert nach Hans-Jochen Gamm: Führung und Verführung. Pädagogik des Nationalsozialismus, München 1984, S. 196

[47] Alfred Rosenberg: Gestaltung der Idee. Reden und Aufsätze 1933 -1935, hrsg. von Thilo von Trotha, München 1936; zitiert nach Hans-Jochen Gamm: A. a. O., S. 70

Akzentuierung von Vernunft, Freiheit und Selbstbestimmung durch den Appell an Gefühl, Emotionen und Gemeinschaft ersetzt werden soll, wo an die Stelle von Kritik und Reflexion Erlebnis und Aktionismus treten und wo der kritisch aufklärende Unterricht von einem sozialromantischen Erziehungsauftrag überwuchert wird. Die Gefahr eines gegenaufklärerischen Denkens und damit die Gefahr einer latenten Kriegsverherrlichung in Pädagogik und Erziehung ist nicht nur ein historisches Ereignis, sondern eine permanente Bedrohung.[48]

Literaturverzeichnis

Adorno, T. W./Frenkel-Brunswik, E./Levinson, D. J./Sanford, R. N.: The Authoritarian Personality. New York 1950.

Arndt, E. M.: Geist der Zeit. In: Schriften IV, 1806 – 1818 (Neudruck 1908).

Benner, D.: Peter Petersens Jenaplan zwischen naturalistischer Pädagogik und pädagogischer Tatsachenforschung. In: Rassegna di Pedagogia/Pädagogische Umschau 58 (2000), S. 143 – 173.

Berlin, I.: The Roots of Romanticism. Princeton N. J. 1999.

Berlin, I.: The Apotheosis of the Romantic Will. In: The Crooked Timber of Humanity. New York 1959.

Böhm, W./Lindauer, M. (Hrsg.): Dokumentationsband vom 8. Würzburger Symposium: Fortschritt als Schicksal? Stuttgart 1997.

Böhm, W./Lindauer, M. (Hrsg.): Welt ohne Krieg? Elftes Würzburger Symposium der Universität Würzburg. Stuttgart 2002.

---

[48] Als ich die Druckfahnen dieses Beitrags zu lesen hatte, lagen die schrecklichen Terroranschläge vom 11.09.2001 in New York und Washington nur wenige Tage zurück. Durch sie und die politischen Reaktionen darauf wurde mir die Aktualität meiner Überlegungen auf beklemmende Weise deutlich.

Böhm, W./Oelkers, J. (Hrsg.): Reformpädagogik kontrovers. Würzburg 1999².

Böhm, W.: Theorie und Praxis. Eine Einführung in das pädagogische Grundproblem. Würzburg 1995².

Böhm, W. (Hrsg.): Pädagogik - Wozu und für wen? Stuttgart 2002.

Cassirer, E.: Die Philosophie der Aufklärung. Tübingen 1932.

Dahrendorf, R.: Gesellschaft und Demokratie in Deutschland. München 1968, S. 151.

Flasch, K.: Die geistige Mobilmachung. Die deutschen Intellektuellen und der Erste Weltkrieg. Berlin 2000.

Fuchs, B.: Schleiermachers dialektische Grundlegung der Pädagogik. Bad Heilbrunn 1998.

Fuchs, B.: Maria Montessori. Ein pädagogisches Porträt. Weinheim 2003.

Giesecke, H.: Hitlers Pädagogen. Weinheim 1993.

Goltz, C. v. d.: Das Volk in Waffen. In: Schenckendorff, E. v./Lorenz, H. (Hrsg.): Wehrkraft durch Erziehung. Im Namen des Ausschusses zur Förderung der Wehrkraft durch Erziehung. Leipzig 1904.

Hegel, G. F. W.: Grundlinien der Philosophie des Rechts. Theorie Werkausgabe Bd. 7. Frankfurt a. M. 1970.

Hegel, G. F.: Schriften zur Politik und Rechtsphilosophie. Leipzig 1923.

Herder, J. G.: Sämmtliche Werke (Suphan-Ausgabe). Bd. 5.

Hojer, E.: Nationalsozialismus und Pädagogik. München 1996.

Humboldt, W. v.: Ideen zu einem Versuch, die Gränzen des Staates zu bestimmen. In: Gesammelte Schriften in 17 Bänden. Bd. 1. Berlin 1903 – 1936.

Imelmann, J. D./Jeunhomme, J. M. P./Meijer, W. A. J.: Jena-Plan. Eine begriffsanalytische Kritik. Weinheim 1996.

Kahle, H. F.: Grundzüge der evangelischen Volkserziehung. 2 Bände. Breslau 1890. Bd 1.

Kellner, L.: Pädagogik der Volksschule in Aphorismen. Ein Beitrag zur Belebung der Lehrerkonferenzen und der Berufsliebe. Essen 1852^3.

Kerbs, D./Reulecke, J. (Hrsg.): Handbuch der deutschen Reformbewegungen 1880 – 1933. Wuppertal 1998.

Kerschensteiner, G.: Staatsbürgerliche Erziehung der deutschen Jugend. Erfurt 1901.

Lemmermann, H.: Kriegserziehung im Kaiserreich. Studien zur politischen Funktion von Schule und Schulmusik 1890 – 1918. Bd. 1. Bremen 1984.

Lübbe, H.: Politische Philosophie in Deutschland. München 1974.

Maus, I.: Zur Aufklärung der Demokratietheorie. Frankfurt a. M. 1992.

Mori, M.: Das Bild des Krieges bei den deutschen Philosophen. In: Kunisch, J./Münkler, H. (Hrsg.): Die Wiedergeburt des Krieges aus dem Geist der Revolution. Berlin 1999, S. 225–240.

Müller, A.: Die Elemente der Staatskunst. Bd. 1. Jena 1922.

Natorp, P.: Deutscher Weltberuf. Geschichtsphilosophische Richtlinien. Jena 1918.

Oelkers, J.: Pädagogischer Liberalismus und nationale Gemeinschaft. In: Herrmann, U./Oelkers, J. (Hrsg.): Pädagogik und Nationalsozialismus. Weinheim 1989.

Reble, A.: Schleiermachers Kulturphilosophie. Erfurt 1934.

Rutschky, K. (Hrsg.): Schwarze Pädagogik. Quellen zur Naturgeschichte der bürgerlichen Erziehung. Frankfurt a. M. 1977.

Schmid, K. A. (Hrsg.): Enzyklopädie des gesamten Erziehungs- und Unterrichtswesens. 10 Bd., Gotha 1876 – 1887^2.

Schonig, B.: Irrationalismus als pädagogische Tradition. Weinheim 1973.

Schubert-Weller, C.: „Kein schönrer Tod..." Die Militarisierung der männlichen Jugend und ihr Einsatz im Ersten Weltkrieg. München 1998.

Siemsen, B.: Erich Weniger, der „militante" Reformpädagoge. In: Böhm, E./ Oelkers, J. (Hrsg.): Reformpädagogik kontrovers. Würzburg 1999^2, S. 127–138.

Sontheimer, K.: Antidemokratisches Denken in der Weimarer Republik. München 1962.

Suchodolski, B.: Anthropologie philosophique aux XVIIe et XVIIIe siècles. Warszawa 1981.

Sulzer, J. G.: Versuch von der Erziehung und Unterweisung der Kinder. In: Sulzer, J. G.: Pädagogische Schriften. Klinke, W. (Hrsg). Langensalza 1922.

Tenorth, H.-E.: Deutsche Erziehungswissenschaft 1930 – 1945. In: Zeitschrift für Pädagogik 32 (1986), S. 299–321.

Tönnies, F.: Gemeinschaft und Gesellschaft. Leipzig 1887.

Verhandlungen über Fragen des höheren Unterrichts. Berlin 4. bis 17. Dez. 1890. Im Auftrage des Ministers der geistlichen Unterrichts- und Medizinalangelegenheiten. Berlin 1891.

Der Beitrag erschien zuerst in dem Band: Welt ohne Krieg? 11. Würzburger Symposium der Universität Würzburg, hrsg. von Winfried Böhm und Martin Lindauer, Stuttgart 2002. Der Abdruck erfolgt mit der freundlichen Erlaubnis des Verlages Ernst Klett in Stuttgart.

Andreas von Prondczynsky

Kriegspädagogik 1914 - 1918
Ein nahezu blinder Fleck der Historischen Bildungsforschung

Während die neuere historische Forschung in der Erziehungswissenschaft sich intensiv mit dem Kaiserreich, der Weimarer Republik und dem Nationalsozialismus befasst hat, hat sie den Ersten Weltkrieg und die Herausbildung einer ihm zugehörigen „Kriegspädagogik" weitgehend vernachlässigt.[1] Doch stehen

---

[1] Ganz im Unterschied zur Geschichtswissenschaft, die sich in den letzten Jahren dem Ersten Weltkrieg mit neuen Forschungsperspektiven verstärkt zugewendet hat, weil sie in ihm gleichsam den (katastrophalen) Kulminationspunkt des „langen 19. Jahrhunderts" und sogar das Ende des „bürgerlichen Zeitalters" verortet. Neben den epochalen Darstellungen von Thomas Nipperdey: *Deutsche Geschichte 1866 - 1918. Band I: Arbeitswelt und Bürgergeist.* München 1990; ders.: *Band II: Machtstaat vor der Demokratie.* München 1992, S. 758ff.; Hans-Ulrich Wehler: *Deutsche Gesellschaftsgeschichte. Dritter Band.* München 1995, S. 1000ff. (bis zur Julikrise 1914) und Heinrich August Winkler: *Der lange Weg nach Westen. Deutsche Geschichte vom Ende des Alten Reiches bis zum Untergang der Weimarer Republik. Band I.* München 2000, S. 266-377 siehe in sozialgeschichtlicher Perspektive vor allem Jürgen Kocka: *Klassengesellschaft im Krieg. Deutsche Sozialgeschichte 1914 - 1918.* Göttingen [2]1978. Aus der Reihe jüngster Arbeiten seien herausgehoben Roger Chickering: *Das Deutsche Reich und der Erste Weltkrieg.* München 2002; Jörg Duppler/Gerhard P. Groß (Hrsg.): *Kriegsende 1918. Ereignis, Wirkung, Nachwirkung* (Beiträge zur Militärgeschichte Bd. 53, hrsg. v. Militärgeschichtlichen Forschungsamt). München 1999; John Keegan: *Der Erste Weltkrieg. Eine europäische Tragödie.* Reinbek bei Hamburg 2000; Sönke Neitzel: *Kriegsausbruch. Deutschlands Weg in die Katastrophe 1900-1914.* München/Zürich 2002; Wolfgang J. Mommsen: *Die Urkatastrophe Deutschlands. Der Erste Weltkrieg 1914-1918* (Gebhardt – Handbuch der deutschen Geschichte, Bd. 17). Stuttgart [10]2002; Jeffrey Verhey: *Der „Geist von 1914" und die Erfindung der Volksgemeinschaft.* Hamburg 2000; Jay Winter/Geoffrey Parker/Mary R. Habeck (Hrsg.): *Der Erste Weltkrieg und das 20. Jahrhundert.* Hamburg 2002. Hierzu muss man auch eine Studieneinheit der Fernuniversität Hagen rechnen: Wolfgang Kruse/Christoph Cornelißen u. a.: *The Great War: Der Erste Weltkrieg im internationalen Zusammenhang und Vergleich.* Hagen 1995. Überdies beginnt sich in der Militärgeschichtsschreibung (in Anlehung an Entwicklungen in der Geschichtswissenschaft) eine Adaption mentalitäts- bzw. kulturgeschichtlicher Ansätze abzuzeichnen; im Überblick: Thomas Kühne/Benjamin Ziemann: „Militärgeschichte in der Erweiterung. Konjunkturen, Interpretationen, Konzepte". In: dies. (Hrsg.): *Was ist Militärgeschichte?* (Krieg in der Geschichte, Bd. 6). Paderborn/München/Wien/Zürich 2000, S. 9-46.

beide – Erster Weltkrieg und „Kriegspädagogik" - zu Unrecht im Schatten einer historisch kanonisierten Stilisierung der reformpädagogischen Epochalisierung, die den Ersten Weltkrieg als eine Phase eigenständiger pädagogischer Theorieproduktion und Reflexivität nicht zur Kenntnis nimmt und dabei auch ignoriert, dass zu Teilen die Repräsentanten der „Reformpädagogik" bzw. der „Neuen Erziehung" schon vor 1914 und dann zwischen 1914 und 1918 intensiv in die Hervorbringung eines eigentümlichen kriegspädagogischen Denkens und kriegserzieherischer Konzeptionen involviert waren. Während diese Lücke in den „klassischen" Darstellungen der Reformpädagogik erwartbar ist, erstaunt die Kontinuität dieser Wahrnehmungsgrenze auch noch in den jüngsten Gesamtdarstellungen zur Reformpädagogik dann doch.[2] An dieser Stelle kann das Thema nur in einigen wenigen Punkten aufgegriffen werden. So wird zunächst der allgemeinere Rahmen des Topos vom „Kulturkrieg" aufgespannt, weil sich das pädagogische Denken des Ersten Weltkriegs in starkem Maße an diesem typischen Reflexionsmuster der wilhelminischen Intellektuellen orientiert hat (1). Sodann soll an drei zeitgenössischen Universitätspädagogen – Friedrich Wilhelm Foerster, Georg Kerschensteiner und Herman Nohl – deren Verstrickung in die kriegspädagogische Semantik aufgezeigt werden (2). Kriegspädagogik knüpft nicht nur an reformpädagogisches Gedankengut an und versteht sich daher wie dieses im Sinne einer Reform der Schule und des Lebens, der Erziehung und des Unterrichts – ja sie propagiert ebenfalls die Vision des „Neuen Menschen" und sie wird daher konzeptionell auch über das Ende des Krieges hinaus als Pädagogik der Zukunft gedacht -, sondern „Kriegspädagogik" radikalisiert in gewissem Sinne das reformpädagogische Denken, wie es sich seit dem Ende des 19. Jahrhunderts herausgebildet hatte (3).

---

[2] In den Werken von Albert Reble: *Geschichte der Pädagogik*. Stuttgart 1951; Hermann Röhrs: *Die Reformpädagogik. Ursprung und Verlauf unter internationalem Aspekt*. Weinheim [3]1991und Wolfgang Scheibe: *Die reformpädagogische Bewegung 1900-1933. Eine einführende Darstellung*. Weinheim/Basel [10]1994 wird das pädagogische Denken des Ersten Weltkriegs nicht eigens gewürdigt. Auch in den neueren Darstellungen von Jürgen Oelkers: *Reformpädagogik. Eine kritische Dogmengeschichte*. München 1989 und von Ehrenhard Skiera: *Reformpädagogik in Geschichte und Gegenwart. Eine kritische Einführung*. München/Wien 2003 sucht man nach einer Auseinandersetzung mit der „Kriegspädagogik" im Kontext der „Reformpädagogik" vergebens.

1. Der Erste Weltkrieg als „Kulturkrieg"

„Das deutsche Volk ist vor allem berufen, für eine Vertiefung und Beseelung der Kultur zu wirken, ein Ganzes und Inneres des Menschen zu entwickeln und in aller Bethätigung nach außen gegenwärtig zu halten, die Arbeit an der Welt intensiv zu gestalten, in sie die Seele hineinzulegen und durch sie die Seele zu stärken".

Dieses „deutsche Wesen" sei zwar, so der Autor weiter, ein „Ideal", das „immer von neuem errungen werden" müsse, aber in ihm drücke sich doch gleichbleibend auch die kennzeichnende „Weltaufgabe des deutschen Geistes" aus.[3] Der Autor dieses Textes über die „Weltgeschichtliche Bedeutung des deutschen Geistes" ist Rudolf Eucken, das Erscheinungsjahr 1902. Eucken, Philosophieprofessor in Jena, Vater des von ihm vertretenen sogenannten „schöpferischen Aktivismus", Träger des Literaturnobelpreises 1908, kann als typischer Vertreter jener deutschen Gelehrten zwischen 1890 und 1933 gelten, die Fritz K. Ringer als „intellektuelle Mandarine" beschrieben hat.[4] Sie sehen ihre Aufgabe darin, der gebildeten Öffentlichkeit Deutungsmuster und Weltanschauungen, kurz: Orientierungen, zu liefern, diese auch gegen die offenkundig rasanten Veränderungen der gesellschaftlichen und kulturellen Wirklichkeit zu verteidigen, bis hin zur Aufrechterhaltung von Anachronismen, um die Privilegien von Bildung und Kultur, die vor allem das Wilhelminische Kaiserreich prägen[5], nicht zu gefährden. Ein solcher Verständigungs-Topos ist eben die von Eucken angespro-

---

[3] Rudolf Eucken: „Die weltgeschichtliche Aufgabe des deutschen Geistes". In: *Deutsche Monatsschrift für das gesamte Leben der Gegenwart* 1 (1902), S. 23-33, hier: S. 30f. u. 33.

[4] Fritz K. Ringer: *Die Gelehrten. Der Niedergang der deutschen Mandarine 1890-1933* (amerik. Orig 1969). München 1987. Zu Eucken siehe jetzt die vorzügliche Studie von Barbara Beßlich: *Wege in den „Kulturkrieg". Zivilisationskritik in Deutschland 1890-1914*. Darmstadt 2000, bes. S. 45-118. Zu den „Eliten" im Ersten Weltkrieg vgl. Wolfgang J. Mommsen: „Die deutschen kulturellen Eliten im Ersten Weltkrieg". In: Ders. (Hrsg.): *Kultur und Krieg: Die Rolle der Intellektuellen, Künstler und Schriftsteller im Ersten Weltkrieg* (Schriften des Historischen Kollegs. Kolloquien 34). München 1996, S. 1-15 sowie Wolfgang Kruse: „Krieg und Kultur: Die Zivilisationskrise". In: Ders.: *Eine Welt von Feinden. Der Große Krieg 1914-1918*. Frankfurt am Main ²2000, S. 183-195.

[5] Siehe Georg Bollenbeck: *Bildung und Kultur. Glanz und Elend eines deutschen Deutungsmusters*. Frankfurt am Main/Leipzig ²1994.

chene vermeintlich spezifisch deutsche Aufgabe einer „Vertiefung und Beseelung der Kultur". Der Verweis auf das *deutsche Volk* und dessen *Weltaufgabe* sollte jedoch auf eine doppelte Brisanz, die hier nur angedeutet werden kann, verweisen, die zwischen 1914 und 1918 für die innere wie für die äußere Propaganda der deutschen Kriegszielpolitik herausragende Bedeutung gewinnen sollte.

Während die Macht- und Sozialstruktur des Kaiserreichs von den unüberwindlichen Schranken der Klasse, des Standes, der Geburt geprägt waren, wurde die *Einheit des Volkes* seit 1870/71 in vorher nicht gekanntem Ausmaße zeremoniell zelebriert - Sedanfeiern, Kaisergeburtstage, Militärparaden standen dafür beispielhaft.[6] Dies gipfelte dann in dem bekannten Ausruf Wilhelms II, nachdem am 4. August 1914 auch die Sozialdemokratische Reichstagsfraktion den Kriegskrediten zugestimmt hatte, er kenne keine Parteien mehr, sondern nur noch Deutsche. Nach Außen gerichtet, wurde der Anspruch einer Weltaufgabe der deutschen Kultur zum einen immer in der Differenz zur bloßen *Zivilisation* gedacht und von den so bezeichneten Nationen - England, Frankreich und Rußland - zum anderen als Welt*macht*ambition wahrgenommen, die sie über Kulturrhetoriken hinaus mit politischen und militärisch-hegemonialen Ansinnen in

---

[6] Die Bedeutung des militärischen Orientierungspotentials für die Formung der deutschnationalen Identität haben vor allem heraus gearbeitet Ute Frevert (Hrsg.): *Militär und Gesellschaft im 19. und 20. Jahrhundert*. Stuttgart 1997; Thomas Rohkrämer: *Der Militarismus der „kleinen Leute". Die Kriegervereine im deutschen Kaiserreich 1871-1914*. München 1990; Bernd Ulrich/Jakob Vogel/Benjamin Ziemann (Hrsg.): *Untertan in Uniform. Militär und Militarismus im Kaiserreich 1871-1914. Quellen und Dokumente*. Frankfurt am Main 2001; Jakob Vogel: *Nationen im Gleichschritt. Der Kult der „Nation in Waffen" in Deutschland und Frankreich 1871-1914*. Göttingen 1997. Von Vertretern der (Reform-)Pädagogik wird das Motiv der „Nationalerziehung" – mit deutlichem Anklang an die „Befreiungskriege" zu Beginn des 19. Jahrhunderts *und* als Nachkriegs-Zukunftsperspektive – heraus präpariert: Vgl. etwa Hugo Gaudig: „Pädagogisches Denken und nationales Leben. Einige Neujahrsgedanken". In: *Zeitschrift für Pädagogische Psychologie und Experimentelle Pädagogik* XVIII (1917), S. 1-4; ders.: „Vom ‚Selbstsein' der deutschen Nation. Eine Vorerörterung für die Fragen der Nationalerziehung". In: *Zeitschrift für Pädagogische Psychologie und Experimentelle Pädagogik* XVIII (1917), S. 257-263. Siehe auch Rita Weber: „Sedanfeiern". In: Arbeitsgruppe „Lehrer und Krieg" (Hrsg.): *Lehrer helfen siegen. Kriegspädagogik im Kaiserreich mit Beiträgen zur NS-Kriegspädagogik* (Edition Diesterweg-Hochschule, Heft 2). Berlin 1987, S. 203-250.

Verbindung brachten.[7] Dass hinter der kulturellen *Weltaufgabe* auch bei Eucken eine Strategie der deutschen *Weltpolitik* schwelte, kam spätestens darin zum Ausdruck, dass Eucken neben Friedrich Meinecke und Gustav von Schmoller Mitarbeiter der am 5. April 1914 neugegründeten Zeitschrift „Das Größere Deutschland. Wochenschrift für Deutsche Welt- und Kolonialpolitik" geworden war. Als dieser „Kulturkampf" dann im August 1914 in Krieg umschlug, konnte der bekannte Reformpädagoge und „Vater" der Arbeitsschulbewegung, Georg Kerschensteiner, wie viele andere deutsche „Mandarine" mit ihm, endlich ausrufen, es gelte nun, die Kultur des „Vaterland(es) vor den Krallen englischen Krämergeistes, der französischen Rachsucht und der russischen Tyrannei" zu retten.[8]

Schon beim eingangs erwähnten Eucken kann man dann aus der Perspektive von 1914 die möglichen Implikationen seines Kulturverständnisses in der Differenz zu einer feindlichen Umwelt sehen, denn „deutsche Kultur" steht bei Eucken 1902 für eine „weltüberlegene Innerlichkeit", die von „einem kräftigen Erfassen der sichtbaren Welt" bedroht wird.[9] „Innerlichkeit der Seele" (Kultur) und „männliches Ringen mit (der) Welt" (Arbeit) können nach Eucken nicht in einem schroffen Gegensatz zueinander bestehenbleiben, sondern müssen vermittelt werden. Dabei komme dem „Gebiet der Erziehung" eine wesentliche Bedeutung zu. Die „Weltaufgabe des deutschen Geistes" gewinne nun ihre globale Rechtfertigung dadurch, dass allein im deutschen „Kulturvolk" dieses „Ideal" „durch die Jahrtausende der Geschichte hindurch erziehend und erhöhend (ge)wirkt" habe.[10] Unschwer lässt sich daraus der ambivalente Auftrag einer globalen Kulturmission des deutschen Volkes ableiten. Damit steht Eucken keineswegs allein:

---

[7] Zur Analyse von „Diskursgesellschaften im Krieg" siehe Aribert Reimann: *Der große Krieg der Sprachen. Untersuchungen zur historischen Semantik in Deutschland und England zur Zeit des Ersten Weltkriegs*. Essen 2000 und Wolfgang Kruse: „Krieg und nationale Identität: Die Ideologisierung des Krieges". In: Ders. (Hrsg.): *Eine Welt von Feinden. Der Große Krieg 1914-1918*. Frankfurt am Main ²2000, S. 167-176. Zum Niederschlag der Kriegssemantik in Schüleraufsätzen siehe schon Claus Conrad: *Krieg und Aufsatzunterricht. Eine Untersuchung von Abituraufsätzen vor und während des Ersten Weltkrieges*. Frankfurt am Main/Bern/New York 1986.

[8] Georg Kerschensteiner: „Offener Brief an meine amerikanischen Freunde". In: *Der Sämann* 5 (1914), S. 383-385, hier: S. 385.

[9] Eucken: *Weltgeschichtliche Aufgabe*, S. 27.

„Wenn deutsche Kultur und deutscher Geist einen Siegeszug durch die Welt antreten soll, nicht um andere Völker zu unterjochen, sondern um ihnen in ihrer eigenen Entwicklung behilflich zu sein, so ist eine große Vorbedingung die Verbreitung der deutschen Sprache. Denn nur derjenige, der die deutsche Sprache kennt und die Werke unserer Geisteshelden im Urtext lesen kann, wird wirklich in den deutschen Geist eindringen und sich dort heimisch fühlen".[11]
Zu den belastenden Hypotheken der Deutschen Geschichte des 20. Jahrhunderts gehört ohne Zweifel, dass Wissenschaftler und Politiker, Publizisten, Pädagogen und Schulmänner in der fiebrigen Atmosphäre vor und während des Ersten Weltkriegs keine Skrupel gezeigt haben, den Krieg als Verteidigung der Kultur zu legitimieren. Ja, sogar von einem „Kulturkrieg" zu sprechen[12], der einzig ausgebrochen sei, weil, um in der Euckenschen Diktion zu bleiben, England, Frankreich und Rußland ihren Hass gegenüber der deutschen Symbiose von „Arbeit" und „Seele" nicht mehr zu zügeln vermochten. Wie tief dieser durchaus als religiös zu deutende Glaube an die Höherwertigkeit der deutschen Kultur in der Mentalität der „Mandarine" verwurzelt war, kann man an den *Lebenserinnerungen*, die Rudolf Eucken nach verlorenem Weltkrieg, Revolution und Erfahrungen mit der Weimarer Republik 1921 veröffentlicht hat, ablesen. „Wir glaubten", so sagt er dort, „einen reichen Kulturbesitz zu besitzen, und nun wird uns alle Tradition erschüttert und es wanken die überlieferten Grundlagen unserer Lebensführung".[13] Viele der „Mandarine" teilten nach 1918 mit Eucken diese Einschätzung und vermochten daher in der Weimarer Republik niemals heimisch zu werden. Ihre Skepsis gegenüber der ersten Deutschen Republik trug

---

[10] Ebd.
[11] Christian Ludwig Poehlmann: *Das Gute des Weltkrieges*. München 1914, S. 48f.
[12] So etwa Otto von Gierke: „Krieg und Kultur" (Rede am 18. September 1914). In: *Deutsche Reden in schwerer Zeit, gehalten von den Professoren an der Universität Berlin v. Wilamowitz-Moellendorff/Roethe/v.Gierke/Delbrück/Lasson/v. Harnack/Kahl/Riehl/Kipp/Sering/Deißmann/v. Liszt. Band I.* Hrsg. von der Zentralstelle für Volkswohlfahrt und dem Verein für volkstümliche Kurse von Berliner Hochschullehrern. Berlin 1914, S. 75- 101 und vor allem auch Ernst Troeltsch: „Der Kulturkrieg" (Rede am 1. Juli 1915). In: *Deutsche Reden in schwerer Zeit, gehalten von den Professoren Schmid, Göttingen u.a. Band III.* Hrsg. von der Zentralstelle für Volkswohlfahrt und dem Verein für volkstümliche Kurse von Berliner Hochschullehrern. Berlin 1915, S. 207-249.
[13] Rudolf Eucken: *Lebenserinnerungen: Ein Stück deutschen Lebens*. Leipzig 1921, S.117.

dann auch nicht unwesentlich dazu bei, dass sich zwischen 1918 und 1933 ein demokratisch-republikanisches Selbstverständnis nicht wirklich etablieren konnte.[14]

Doch kehren wir ins Jahr 1914 zurück. Am 4. Oktober 1914 erscheint in deutschen Tageszeitungen ein Aufruf „An die Kulturwelt", bekannt geworden als „Aufruf der 93".[15] Neben Rudolf Eucken gehören zu den Unterzeichnern so bekannte Wissenschaftler wie Paul Ehrlich, Adolf von Harnack und Karl Lamprecht, Ernst Haeckel, Gustav von Schmoller, Wilhelm Windelband und Wilhelm Wundt sowie - last but not least - Max Planck. Zwei Passagen dieses Aufrufs verdienen besondere Beachtung:

Zum einen wird in ihm hervorgehoben: „Es ist nicht wahr, daß der Kampf gegen unseren sogenannten Militarismus kein Kampf gegen unsere Kultur ist, wie unsere Feinde heuchlerisch vorgeben. Ohne den deutschen Militarismus wäre die deutsche Kultur längst vom Erdboden getilgt. Zu ihrem Schutze ist er aus ihr hervorgegangen (..). Deutsches Heer und deutsches Volk sind eins. Dieses Bewußtsein verbrüdert heute 70 Millionen Deutsche ohne Unterschied der Bildung, des Standes und der Partei". Zum anderen betont man: „Glaubt uns (..), daß wir diesen Kampf zu Ende kämpfen werden als ein Kulturvolk, dem das Vermächtnis eines Goethe, eines Beethoven, eines Kant ebenso heilig ist wie sein Herd und seine Scholle".[16]

Frappierend an dieser Argumentation ist die unverhohlene Deutlichkeit, in der „deutscher Militarismus" und „deutsche Kultur" als zwei zusammengehörige Seiten einer Medaille mit der größten Selbstverständlichkeit präsentiert werden. Erkennbar wird andererseits aber auch eine sich einigelnde Zirkelstruktur der

---

[14] Neben der Untersuchung von Fritz K. Ringer (Anm. 4) sind richtungsweisend Stefan Breuer: *Anatomie der konservativen Revolution*. Darmstadt 1993 und jüngst Berthold Petzinna: *Erziehung zum deutschen Lebensstil. Ursprung und Entwicklung des jungkonservativen „Ring"-Kreises 1918-1933*. Berlin 2000.

[15] Siehe den Abdruck bei Jürgen von Ungern-Sternberg/Wolfgang von Ungern-Sternberg: *Der Aufruf „An die Kulturwelt!" Das Manifest der 93 und die Anfänge der Kriegspropaganda im Ersten Weltkrieg. Mit einer Dokumentation* (Historische Mitteilungen der Ranke-Gesellschaft Beiheft 18). Stuttgart 1996, S. 144-147 und die luzide Interpretation von Bernhard vom Brocke: „'Wissenschaft und Militarismus'. Der Aufruf der 93 ‚An die Kulturwelt!' und der Zusammenbruch der internationalen Gelehrtenrepublik im Ersten Weltkrieg". In: *Wilamowitz nach 50 Jahren*. Hrsg. von William M. Calder III/Hellmut Flashar/Theodor Lindken. Darmstadt 1985, S. 649-719.

[16] Ebd., S. 145.

Argumentation: Der *Militarismus* ist nicht Selbstzweck oder Ausdruck imperialistischer und kolonialistischer Machtpolitik, sondern einzig und allein erforderlich, um die an sich friedliebende deutsche *Kultur* vor den feindlichen Agressionen des Auslands, welches selbst keine Kultur besitzt, sondern seine niederen Motive nur aus Rachsucht, Krämergeist oder Tyrannei zieht, zu schützen. Es handele sich mithin um einen unfreiwilligen, ja *aufgenötigten Militarismus*, den das „deutsche Kulturvolk" im Grunde nur gegen seine eigenen Ideale und widerstrebend in Not angenommen habe.

In der Hermetik dieses fatalen Zirkels[17] bleiben die deutschen Mandarine intellektuell gefesselt: Wer so an die Schutzfunktion, die der Militarismus für die Kultur übernimmt, glaubt, der wähnt sich auch im Besitz einer klaren Unterscheidungslinie zwischen Wahrheit und Lüge. Daher das impulsive sechsfache „Es ist nicht wahr!" Die Gegner nutzten die „vergiftete Waffe der Lüge", wenn sie behaupten, sie griffen Deutschland wegen seiner bedrohlichen Aufrüstungs- und Flottenpolitik an: In Wahrheit aber ginge es um einen Vernichtungsschlag gegen die deutsche Kultur. Die symbiotische Verknüpfung von *Militarismus* und *Kultur* erlaubt es den deutschen Mandarinen sogar, den Vorwurf des *Militarismus* gar nicht zurückweisen zu müssen, sondern den *Militarismus* vielmehr offensiv bejahen zu können. Die Deutschen kämpfen als *Kulturvolk*. Und wenn die Formel, „deutsches Heer und deutsches Volk (seien) eins", ins Spiel gebracht wird, dann deutet dies die Identifikation des *Heeres* mit einem *Kultur-*

---

[17] Damit spannt sich ein in der einschlägigen Forschung der jüngsten Zeit problematisiertes Feld zwischen langfristig angelegter, das Kaiserreich durchziehender „sozialer Militarisierung" einerseits und ad hoc verschärfter Kulturkriegspropaganda andererseits auf. In diesem Zusammenhang hat Hans Joas (*Krieg und Werte. Studien zur Gewaltgeschichte des 20. Jahrhunderts*. Weilerswist 2000, S. 35), unter Bezugnahme auf Thomas Nipperdey und den Ersten Weltkrieg, davor gewarnt, „die Selbstdarstellung in der chauvinistischen Professorenpublizistik allzu wörtlich zu nehmen". Obwohl eine differenzierte Analyse der Intellektuellen-Rhetorik der „Ideen von 1914" sehr heterogene Gemengelagen rekonstruieren kann (vgl. z. B. die Beiträge in Mommsen: *Kultur und Krieg*, Anm. 4), deutet das Muster des „Kulturkriegs" dennoch unübersehbar auf eine strukturelle Mentalitätskompomente der „deutschen Mandarine" hin, die man *so* in den vergleichbaren englischen oder französischen Intellektuellen-Rhetoriken der Kriegszeit nicht findet. Als Belege einer langfristigen Vorbereitung der Kulturkriegstopik siehe neben Beßlich: *Wege in den „Kulturkrieg"* (Anm. 4) zeitgenössisch Adolf Lasson: *Das Kulturideal und der Krieg*. Berlin ²1906; Friedrich von Bernhardi: *Deutschland und der nächste Krieg*. Stuttgart/Berlin 1912; Oscar A. H. Schmitz: *Das wirkliche Deutschland. Die Wiedergeburt durch den Krieg*. München ⁵1915.

heer an, das auszieht, um Goethe, Beethoven und Kant in einem „heiligen Krieg" zu verteidigen. Immer und immer wieder wird in den professoralen Verkündigungen der ersten Kriegsphase auf die implizite Denkfigur einer „Tragik der deutschen Seele", die kein Nicht-Deutscher richtig verstehen könne, rekurriert. Das späte Erbe der deutschen Einfühlsamkeitshermeneutik, das die Mentalitätsstruktur hinter dem Deutungsmuster von Bildung und Kultur stützen sollte, kehrt sich nun in sein Gegenteil um: Man wollte die Welt von der Höherwertigkeit der deutschen Lebenskultur überzeugen und nun versteht die Welt die Deutschen nicht mehr. So hatte der Berliner Professor der Rechte, Franz von Liszt, schon Anfang September 1914 in einem Aufsatz „Das deutsche Volk und der Krieg" resigniert festgestellt:

„Von den Gelehrten, Künstlern und Technikern des Auslands (..) können wir nicht erwarten, daß sie in der Seele des deutschen Volkes wie in einem offenen Blatte zu lesen verstehen, daß sie klar erkennen, was in diesen schweren und doch so erhebenden Tagen uns Deutsche im tiefsten Innern erfüllt und all unser Denken und Handeln bewegt". Vielmehr sei das „unzerreißbare Lügengewebe", das die ausländische Propaganda gesponnen habe, nur dazu da, die deutschen „Seelenvorgänge" zu „verhüllen".[18]

M. a. W.: man weigere sich, zu verstehen. Gemäß der Logik des Militarismus folgt daraus zwingend: Wenn die Welt nicht mehr auf die *Waffen der Kultur* hören will, dann muss man die *Kultur der Waffen* sprechen lassen. *Kultur* und *Krieg* werden so umstandslos eins: Ist die Kultur nur noch durch den Krieg zu retten, dann wird der Krieg zu einem *Kulturkrieg*. Dadurch legitimiert er sich und erfährt eine höhere Weihe. Fraglos adaptiert die Kulturkriegsrhetorik dann auch religiöse Elemente und lässt sich leicht, durch ihre Nähe zur Kultur gleichsam zwingend und vor allem über die weit ausgreifende Nutzung der Metapher des *Heldentums*, ästhetisieren.

Alle diese Facetten aber - die kulturelle, die religiöse, die ästhetische - bündeln sich wie in einem Brennspiegel in dem, wie es Eucken 1902 genannt hatte, „Gebiet der Erziehung": Man kann geradezu von einer *Pädagogisierung des Krieges* sprechen. Vorzüglich an der *Heimatfront* wird allenthalben belehrt und auf-

---

[18] Franz von Liszt: „Das deutsche Volk und der Krieg". In: *Internationale Monatsschrift für Wissenschaft, Kunst und Technik* 9 (1915), S. 59-64.

geklärt, informiert und indoktriniert. Anfangs, um den Stolz der Daheimgebliebenen auf die ehrenvollen *Feldgrauen*, die ihr Leben für die Verteidigung der deutschen Kultur wagen, zu mobilisieren; später dann, um Durchhalteparolen und existenznotwendige Sammelaktionen oder ernährungspraktische Aktionsprogramme zu verbreiten. Die hohe Bedeutung, die der Erziehung als einer kulturvermittelnden und spezifische Mentalitäten prägende Tatsache zukommt, lässt sich auch der „Erklärung" entnehmen, die 3.100 Hochschullehrer des Deutschen Reiches am 23. Oktober 1914 vorlegen:

„Wir Lehrer an Deutschlands Universitäten und Hochschulen dienen der Wissenschaft und treiben ein Werk des Friedens. Aber es erfüllt uns mit Entrüstung, daß die Feinde Deutschlands, England an der Spitze, angeblich zu unsern Gunsten einen Gegensatz machen wollen zwischen dem Geiste der deutschen Wissenschaft und dem, was sie den preußischen Militarismus nennen. In dem deutschen Heere ist kein anderer Geist als in dem deutschen Volke, denn beide sind eins, und wir gehören auch dazu. Unser Heer pflegt auch die Wissenschaft und dankt ihr nicht zum wenigsten seine Leistungen. *Der Dienst im Heere macht unsere Jugend tüchtig auch für alle Werke des Friedens, auch für die Wissenschaft. Denn er erzieht sie zu selbstentsagender Pflichttreue und verleiht ihr das Selbstbewußtsein und das Ehrgefühl des wahrhaft freien Mannes, der sich willig dem Ganzen unterordnet.* Dieser Geist lebt nicht nur in Preußen, sondern ist derselbe in allen Landen des Deutschen Reiches. Er ist der gleiche in Krieg und Frieden. *Jetzt steht unser Heer im Kampfe für Deutschlands Freiheit und damit für alle Güter des Friedens und der Gesittung nicht nur in Deutschland. Unser Glaube ist, daß für die ganze Kultur Europas das Heil an dem Siege hängt, den der deutsche ‚Militarismus' erkämpfen wird, die Mannszucht, die Treue, der Opfermut des einträchtigen freien deutschen Volkes"*.

In dieser „Erklärung" verdichtet sich das Selbstverständnis des wilhelminischen Militarismus zu einem Dogma: „Heeresdienst" ist „Friedensdienst"; Wehrdienst ist Ertüchtigung der Jugend nicht allein in körperlicher, sondern vor allem in „geistiger" Hinsicht; wehrhafte Geistes-Erziehung sieht ihr paradoxes Ziel in der Tugend „selbstentsagender Pflichttreue" und williger Unterwerfung unter ein „Ganzes", wodurch zugleich Selbstbewußtsein und wahre Freiheit entstünden; Militarismus überhaupt und gegenwärtiger Krieg speziell kämpfen für

Freiheit, Gesittung und „die ganze Kultur Europas"; Militarismus und Kultur gehen in Manneszucht, Treue und Opfermut auf.

2. Universitätspädagogen: Erziehung und Kultur im bzw. für den Krieg

1914 gibt es noch wenig Pädagogik-Professuren, kaum eine Hand voll[19], und es entzieht sich meiner Kenntnis, ob sich unter den Unterzeichnern der „Erklärung" diese wenigen bzw. einige von ihnen befanden. Doch liegen Publikationen von Pädagogen und Schulmännern, höheren Beamten der Bildungsverwaltung und Pädagogikprofessoren vor, denen unschwer zu entnehmen ist, dass sich ihre Auffassungen von Krieg, Kultur und Erziehung im Kriegskontext nicht wesentlich von denen der öffentlich verbreiteten Gelehrtenmeinungen unterschieden haben. Auf drei Universitätspädagogen soll hier etwas näher geblickt werden: Friedrich Wilhelm Foerster, Lehrstuhlinhaber in München; den schon erwähnten Georg Kerschensteiner, Honorarprofessur ebenfalls in München; und Herman Nohl, Privatdozent in Jena.

Wenn Friedrich Wilhelm Foerster (1869-1966) überhaupt in der Geschichte der Pädagogik Erwähnung findet, dann zumeist in zwei Kontexten: Entweder dem einer katholischen Pädagogik oder als Initiator der "Friedenspädagogik". Letzteres mag durchaus familiäre Hintergründe haben, denn Friedrich Wilhelms Vater, Wilhelm Foerster (1838-1921), Astronom, Direktor der Berliner Sternwarte und ab 1872 ordentlicher Professor daselbst, war 1892 einer der Mitbegründer der „Deutschen Friedensgesellschaft" und der „Deutschen Gesellschaft für Ethische Kultur (DGfEK)", deren erster Vorsitzender er wurde.[20] Auch Friedrich Wil-

---

[19] Der Institutionalisierungsprozess setzt erst nach 1918 ein; siehe jetzt umfassend Klaus-Peter Horn: *Erziehungswissenschaft in Deutschland im 20. Jahrhundert. Zur Entwicklung der sozialen und fachlichen Struktur der Disziplin von der Erstinstitutionalisierung bis zur Expansion.* Bad Heilbrunn/Obb. 2003.

[20] Zur „Deutschen Gesellschaft für Ethische Kultur" siehe Alderik Visser: „Die Evolution der Gesinnung. Ethische Gesellschaften in Europa und den USA zwischen Wissenschaft und Religion: Beitrag zur Vorgeschichte der internationalen Reformpädagogik". In: Tobias Rülcker/Jürgen Oelkers (Hrsg.): *Politische Reformpädagogik.* Bern u. a. 1998, S. 323-347; Susanne Enders: *Moralunterricht und Lebenskunde.* Bad Heilbrunn/Obb. 2002, S. 55-83; Andreas von Prondczynsky: „Ethische Kultur, Neue Erziehung, Monismus. Reformbewegungen und pädagogische Diskurse in Österreich

helm ist zunächst Mitglied der DGfEK, tritt jedoch nach seiner Konversion zum Katholizismus bald wieder aus. Man findet nun den Vater - nicht aber den friedenspädagogischen Sohn - neben dem Berliner Dozenten Max Baege, dem Leipziger Universitätsprofessor Paul Barth, dem Neukantianer und Marburger Universitätsprofessor Paul Natorp, dem Hamburger Rektor Heinrich Wolgast und dem jugendbewegten Reformpädagogen Gustav Wyneken, (dessen Plädoyer für eine „Freie Schulgemeinde" 1913 unter dem Titel „Schule und Jugendkultur" erschienen war)[21] - man findet also Wilhelm Foerster im Dezember 1915 als Unterzeichner eines "Aufrufs an Eltern, Lehrer und Erzieher". In diesem liest man u. a.:

„Haß, Rachedurst, Verachtung und Schadenfreude gegenüber den feindlichen Nationen und eigener nationaler Hochmut haben eine so erschreckende Ausdehnung gewonnen, daß es an der Zeit ist, das Schweigen hierüber zu brechen und sich ernstlich an alle zu wenden, welche die schwere Verantwortung der Erziehung tragen". Denn: „Gerade im Namen eines wohlverstandenen Patriotismus kann (..) nur auf das Entschiedenste davor gewarnt werden, in die Kinderseelen nationale Gehässigkeit irgendwelcher Art hineinzutragen".[22]
Demgegenüber hatte Friedrich Wilhelm Foerster zu Weihnachten 1914 unter dem Titel „Christus und Krieg" einen Aufsatz publiziert, der sich an die „Studenten im Felde" richtete. Darin lesen wir: „Wie herrlich ist nun aber das junge

---

und Deutschland 1890-1938". In: *Jahrbuch für Historische Bildungsforschung. Band 8*. Hrsg. von der Sektion Historische Bildungsforschung der Deutschen Gesellschaft für Erziehungswissenschaft. Bad Heilbrunn/Obb. 2002, S. 135-158. Siehe zu Friedrich Wilhelm Foerster: *Erlebte Weltgeschichte 1869-1953. Memoiren*. Nürnberg 1953; Joseph Antz/Franz Pöggeler (Hrsg.): *Friedrich Wilhelm Foerster und seine Bedeutung für die Pädagogik der Gegenwart. Festschrift zur Vollendung des 85. Lebensjahres*. Ratingen 1955.
[21] Im November 1914 allerdings hatte Wyneken, wie viele andere aus der (bildungs-)bürgerlichen Jugendbewegung auch (vgl. hierzu Gudrun Fiedler: *Jugend im Krieg. Bürgerliche Jugendbewegung, Erster Weltkrieg und sozialer Wandel 1914-1923* [Edition Archiv der deutschen Jugendbewegung, Bd. 6]. Köln 1989), den Krieg noch als Chance für Reformen des Deutschen Reiches begrüßt: Gustav Wyneken: *Der Krieg und die Jugend. Öffentlicher Vortrag, gehalten am 25. November 1914 in der Münchener Freien Studentenschaft*. München 1915.
[22] „Aufruf an Eltern, Lehrer und Erzieher" (Dezember 1915). In: *Hamburgische Schulzeitung* 24 (1916), Nr.1, S. 1f.

Deutschland in den Augusttagen[23] aufgestanden - ein Trost und eine Bürgschaft für die kommenden Zeiten! Es war, als ob das Ereignis den deutschen Geist in allen Tiefen erweckte, erschütterte, erleuchtete. (..) das war weit mehr als Trutz und Abwehr, weit mehr als patriotische Begeisterung, es war ein dunkles, starkes Gefühl, daß das deutsche Wesen der Welt noch Großes schuldig sei - und dies Gefühl verstärkte sich in allen, je mehr die gegnerische Verschwörung sich enthüllte und den gegenwärtigen Zustand der Kulturmenschheit erleuchtete (..)".[24]

Auch in der Sicht des Pädagogen also die Aufrüttelung des „deutschen Geistes" durch das Augusterlebnis; das Surplus über schlichte „patriotische Begeisterung" hinaus; die zu diesem deutschen Geist und Wesen offenbar zwangsläufig gehörende Dunkelheit und Stärke von Gefühlen; die Gewissheit, der Welt noch etwas schuldig zu sein - den „Kulturauftrag"; andererseits die Verschwörungstheorie. Wer aber glaubt, dies sei eine Euphorie der ersten Tage geblieben, der z.B. auch ein Max Weber mit dem Ausruf: „einerlei wie der Erfolg ist - dieser Krieg ist groß und wunderbar"[25] erlegen war, der sieht sich getäuscht: Bis 1918 hält Friedrich Wilhelm Foerster seine Sicht von 1914 aufrecht. In seinem Beitrag für den 1915 erschienenen Sammelband „Der Weltkrieg im Unterricht" spricht er über „Neue Erziehungspflichten für unsere Zeit" und hält u. a. fest, dass der „ethische Wert des Krieges in der Belebung des Gemeinsinns und der Vaterlandsliebe" bestehe und daher die Einführung von sogenannten "Kriegsstunden" zu empfehlen sei, um die „nationale Begeisterung" mit „nationalpädagogischen Wirkungen" abzusichern. „Es hat (..) etwas Richtiges", fährt Foerster fort, „daß (..) auch die Schule das Einzelempfinden aus der Isolierung herausholt und all den einzelnen Gedanken und Gefühlen einen geordneten kollektiven Gesamtausdruck schafft, in dem der einzelne sich nicht als einzelner, sondern als Volk und als 'Chor' fühlt und begeistert".[26]

---

[23] Zu einer quellengestützten Relativierung des August-Mythos siehe Verhey: *Der „Geist von 1914"* (Anm. 1).
[24] Friedrich Wilhelm Foerster: „Christus und der Krieg". In: *Deutsche Weihnacht. Eine Liebesgabe deutscher Hochschüler* (Liebesgabe I, 1914), S. 49-71, hier: S. 54f.
[25] Zit. n. Wolfgang J. Mommsen: *Max Weber und die deutsche Politik 1890-1920*. Tübingen ²1974, S. 206.
[26] Friedrich Wilhelm Foerster: „Neue Erziehungspflichten für unsere Zeit". In: *Der Weltkrieg im Unterricht. Vorschläge und Anregung zur Behandlung der weltpolitischen Vorgänge im Unterricht*. Gotha 1915, S. 7-23, hier: S. 7, 8, 13.

Im Januar 1916 finden wir Friedrich Wilhelm Foerster dann bei Vorträgen in Frankfurter Jugendvereinen zum Thema „Jungdeutschland und der Weltkrieg". Hier ruft er aus: „Möge das deutsche Heldentum im Felde uns ein Gleichnis werden". Und: „Nehmen wir das große Durchhalten, die unerschütterliche Angriffswucht als ein Bild für den täglichen Kampf". Und da es um die „Verteidigung der deutschen Kultur" geht, müsse man das „Heldenideal (..) retten und bewahren als ein geheiligtes Erbgut". Der Krieg, so resümiert Foerster, sei für alle, den Frontsoldaten wie den Erzieher und die Pädagogen, die Mütter und die Kinder an der Heimatfront eine „Schule der Sittlichkeit".[27] Der Krieg, das tönt allenthalben durch diese Zeilen hindurch, ist selbst der „große Erzieher", eine „sittliche Macht". Und weiter noch: Der Krieg selbst bietet, besser als jede rein akademische Lehre, eine perfekte Pädagogik, in der durch die untrennbare Einheit von „Ideal" und „Tat" bei den heldenmütigen „Feldgrauen" eine Identität von Theorie und Praxis immer schon gelebt wird. Die Aufgabe, die sich den Erziehern und Lehrern in Sozial- und Jugendfürsorge, in der Schule und in der Familie daher stelle, sei es, das Beispiel des „Heldentums im Felde" auf die pädagogische Situation zu übertragen. Und weil den Pädagogen, wie den deutschen Mandarinen insgesamt, nichts ferner liegt, als den *Militarismus* als eine unpädagogische Denk- und Handlungsform von sich zu weisen, greift Foerster noch 1918 auf die seit den frühen Tagen des Wilhelminismus gebräuchliche Vorbildfunktion des militärischen Drills und Gehorsams für schulische Erziehungsprozesse zurück. So betont er die „pädagogische Kraft des militärischen Dienstes"[28] bzw. die „pädagogische Kraft des Soldatentums".[29] Dazu führt er erläuternd aus: „Das Fundament unserer ganzen Heeresleistung - und auch das Wissen ihrer allgemeinen pädagogischen Kraft - ist doch der unbedingte soldatische Gehorsam, der den ganzen Menschen packende, furchtbare Ernst des militärischen Dienstes, dessen Disziplin durchaus etwas von der erbarmungslosen Wucht des Krieges selber behalten und spiegeln muß".[30]

---

[27] Friedrich Wilhelm Foerster: *Die deutsche Jugend und der Weltkrieg. Kriegs- und Friedensaufsätze.* Leipzig ³1916, S. 13, 14, 27.
[28] Friedrich Wilhelm Foerster: *Politische Ethik und politische Pädagogik. Mit besonderer Berücksichtigung der kommenden deutschen Aufgaben.* München 1918, S. 217.
[29] Foerster: *Deutsche Jugend*, S. 69. Hier treffen sich Foersters Überlegungen durchaus mit denen Erich Wenigers in seiner späteren „Wehrmachtspädagogik".
[30] Foerster: *Politische Ethik*, S. 216f.

Das Bemerkenswerte an dieser Position Foersters ist zum einen, dass Pädagogik scheinbar mühelos in militärische Kategorien umgedacht werden kann bzw. umgekehrt: dass pädagogische und militärische Denkkategorien - zumindest im Wilhelminismus - umstandslos austauschbar werden: „Soldatischer Gehorsam" *ist* pädagogisch; der „Ernst des militärischen Dienstes" *ist* pädagogisch; militärische „Disziplin" *ist* pädagogisch. Zum anderen wird deutlich, dass zwischen der Diktion der Militärs und der Pädagogen die Differenzen verschwinden.

Ein Rückblick auf die einschlägigen Debatten in der Schulkonferenz von 1890 kann dies verdeutlichen. Als auf dieser Konferenz, die der Kaiser vom 4. bis 17. Dezember 1890 nach Berlin einberufen hatte, ein Major Fleck aus dem Kriegsministerium die militärische Erziehungsvorstellung zu Protokoll gibt, rührt sich kein Widerspruch, obwohl so renommierte Schulmänner wie der Gymnasialdirektor Jäger und der Realgymnasial-Direktor Matthias sowie der Bildungshistoriker Friedrich Paulsen anwesend sind. Neben der Standardformel, dass das Militär die „Schule der Nation" sei, führt Major Fleck u. a. aus: „Wir sollen die moralischen Faktoren im Manne (..) kräftigen und stärken mit dem Endziel, daß der Soldat im Kriegsfalle (..) uns nicht versagt, sondern mit Bewußtsein uns gerne folgt in den Tod für Kaiser und Reich, für König und Vaterland!"[31] Dissens gibt es zwischen Schulmännern und Kultusbeamten, Universitätspädagogen und Militärs nicht auf Grund dieses Erziehungsziels, sondern vielmehr anlässlich der Fragen zum Einjährigen-Freiwilligen-Privileg[32] und zum Verhältnis von Alten und Neuen Sprachen. Der gesellschaftliche Konsens über die grundlegenden Aufgaben und Ziele des Militärs und seiner Pädagogik dokumentiert

---

[31] *Verhandlungen über Fragen des höheren Unterrichts*. Berlin, 4. bis 17. Dezember 1890. Im Auftrage des Ministers der geistlichen, Unterrichts- und Medizinal=Angelegenheiten. Berlin 1891 (Deutsche Schulkonferenzen, Band I). Glashütten im Taunus 1972, S. 227. Zum Verständnis der Schulkonferenz von 1890 als Forum, auf dem erstmals im Kaiserreich bildungspolitisch öffentlich und unverhohlen Erziehung, Militarisierung und Stärkung der Wehrkraft in einem Atemzug genannt werden vgl. die materialreiche Studie von Heinz Lemmermann: *Kriegserziehung im Kaiserreich. Studien zur politischen Funktion von Schule und Schulmusik 1890-1918. Band 1: Darstellung.* Bremen 1984, S. 16ff.

[32] Vgl. hierzu die sehr informative Studie von Rita Weber: „Der Leutnant und die Volksschullehrer". In: Arbeitsgruppe „Lehrer und Krieg" (Hrsg.): *Lehrer helfen siegen. Kriegspädagogik im Kaiserreich mit Beiträgen zur NS-Kriegspädagogik* (Edition Diesterweg-Hochschule, Heft 2). Berlin 1987, S. 39-68.

sich an den Protokollen dieser Schulkonferenz augenfällig, die Militarisierung der Gesellschaft ist kein Problem.[33]

Deutlicher noch konnten in der einschlägigen Militärpublizistik die gemeinsamen Ziele von Pädagogik und Militär im Kontext einer öffentlich breit diskutierten militärischen Jugenderziehung zur Geltung gelangen. So erfahren wir etwa 1893 aus dem *Militär-Wochenblatt* was sich die Reichs-Militärführung unter einer angemessenen, zeitlich zwischen Schulabgang und Heeresdienst angesiedelten militärischen Jugenderziehung vorstellt. Erreicht werden müsse durch sie vor allem eine „Einimpfung der Elemente der körperlichen und namentlich der geistigen Kriegserziehung, um die Gewöhnung an Zucht, Pflichttreue, Ordnung und Selbstlosigkeit, mit einem Wort: um die Heranbildung des Knaben zu einem tüchtigen Mitbürger des Volkes in Waffen, des nationalen Staates und Heeres".[34] Und schon im Jahre 1901 konnte man in einer pädagogischen Fachzeitschrift lesen:

---

[33] Zum Topos der „sozialen Militarisierung" vor 1914 siehe insbesondere Jost Dülffer/Karl Holl (Hrsg.): *Bereit zum Krieg. Kriegsmentalität im wilhelminischen Deutschland 1890-1914*. Göttingen 1986; Markus Ingenlath: *Mentale Aufrüstung. Militarisierungstendenzen in Frankreich und Deutschland vor dem Ersten Weltkrieg*. Frankfurt am Main/New York 1998.

[34] Anonymus: „Ueber militärische Jugenderziehung". In: *Militär-Wochenblatt* 78 (1893), S. 145-150, hier: S. 146. Neben solchen Überlegungen zur speziellen Wehrerziehung (siehe vor allem auch Emil von Schenckendorff/Hermann Lorenz: *Wehrkraft durch Erziehung* [Schriften des Zentralausschusses zur Förderung der Volks- und Jugendspiele in Deutschland]. Leipzig ²1905) waren allgemeinere Perspektiven zur geistigen Ertüchtigung im Blick auf das Verhältnis von Schule und Krieg bereits früh etabliert: H. Cron: „Kriegsliteratur für die Schule". In: *Pädagogisches Archiv* XIV (1872), S. 625-632 und Wilhelm Rein: „Militarismus und Schulerziehung". In: *Enzyklopädisches Handbuch der Pädagogik*. Band 5. Hrsg. von Wilhelm Rein. Langensalza ²1906, S. 866-871; s. a. Manfred Messerschmidt: „Militär und Schule in der wilhelminischen Zeit". In: *Militärgeschichtliche Mitteilungen* 23 (1978), H. 1, S. 51-76; Hilde Schramm: „Militär und Erziehung (1800-1918)". In: Arbeitsgruppe „Lehrer und Krieg" (Hrsg.): *Lehrer helfen siegen. Kriegspädagogik im Kaiserreich mit Beiträgen zur NS-Kriegspädagogik* (Edition Diesterweg-Hochschule, Heft 2). Berlin 1987, S. 11-22; Heinz Stübig: *Bildung, Militär und Gesellschaft in Deutschland. Studien zur Entwicklung in Deutschland*. Köln/Weimar/Wien 1994. Unter direktem Einfluss des Krieges dann Ferdinand Kemsies: „Die militärische Jugendvorbereitung". In: *Archiv für Pädagogik* 3 (1914), Nr. 1, S. 9-14; ders.: *Die vaterländische und militärische Erziehung der Jugend*. Leipzig/Hamburg 1915; Wilhelm Rein: „Militärische Jugendfürsorge". In: *Deutsche Blätter für erziehenden Unterricht* 39 (1915), S. 86-87, 94-95; Friedrich Wilhelm Foerster: „Das Problem der militärischen Jugenderziehung vom pädagogischen

„Wir sind uns bewußt geworden, daß wir eine deutsche Kultur aus **einem Guß** brauchen, daß Heer, Schule, Rechtsleben, Kunst und Beruf uns wahre Befriedigung nur dann geben können, wenn sie unverfälscht die deutschen Rassenanlagen zu freier Entfaltung kommen lassen, wenn sie ganz und gar vom deutschen Wesen erfüllt sind. So müssen auch Heer und Schule in Übereinstimmung gebracht werden. (..) Wir haben keine Berufstruppe mehr, sondern das Volk in **Waffen**. Daher ist die Einwirkung volkstümlicher Kräfte auf die Heeresordnung viel stärker als früher."[35]

Auch im militärärztlichen Blick sollten Schule und Armee aufs Engste liiert werden, um der „Verweichlichung", der „Nervenschwäche unserer entarteten Jugend", der Gefahr ihrer „Degeneration" entschieden entgegen treten zu können: „Schule und Armee haben also", wie deshalb ein Oberstabsarzt unterstrich, „das gemeinsame Ziel, die Wehrkraft zu erhöhen".[36] Trotz intensiver Debatten blieb dieses Problem dauerhaft und ungelöst auf der Tagesordnung militärischen Drucks und pädagogischer Kritik. Gesellschaftsweit, so kann man resümieren, ging es im Kaiserreich verstärkt seit 1890 geradezu um einen „**Kampf um die Jugend zwischen Volksschule und Kaserne**".[37]

Standpunkte." In: ders.: *Die deutsche Jugend und der Weltkrieg. Kriegs- und Friedensaufsätze*. Leipzig ³1916, S. 59-70; Max Phillip: „Die militärische Jugendvorbereitung in Deutschland nach ihren bisherigen Ergebnissen und im Hinblick auf ihre künftige Ausgestaltung". In: *Zeitschrift für Pädagogische Psychologie und Experimentelle Pädagogik* XVIII (1917), S. 44-53. - Der „Ausschuß zur Förderung der Wehrkraft durch Erziehung" war 1899 gegründet worden. Er ging von der „Grundansicht" aus, „daß Wehrkraft und Volkskraft aus ein und derselben Quelle, der des Volkslebens fließen .., und daß die Blüte eines Volkes daher wie mit seiner Volkskraft so auch mit seiner Wehrkraft steht und fällt" (nach „Mitteilungen". In: *Neue Bahnen* 26 [1905], S. 47/48). Neben den Generälen von Blume, von der Goltz und Graf Haescher gehörte auch der Münchener Stadtschulrat Dr. Georg Kerschensteiner zu den Mitarbeitern des Ausschusses.

[35] Johannes Nickol: „Alte Schule – Neues Heer". In: *Blätter für deutsche Erziehung. Monatsschrift für die Gebildeten aller Stände* III (1901), Nr. 1, S. 5-7; ders.: „Neue Schule – Neues Heer". In: *Blätter für deutsche Erziehung. Monatsschrift für die Gebildeten aller Stände* III (1901), Nr. 2, S. 23-25, hier: S. 23 (Hervorheb. i. O.).

[36] Oberstabsarzt Neumann: „Schule und Armee". In: *Gesunde Jugend. Zeitschrift für Gesundheitspflege in Schule und Haus* V (1906), S. 169-176.

[37] Klaus Saul: „Der Kampf um die Jugend zwischen Volksschule und Kaserne. Ein Beitrag zur ‚Jugendpflege' im Wilhelminischen Reich 1890-1914". In: *Militärgeschichtliche Mitteilungen* 21 (1971), Heft 1, S. 97-143. Mit dem Schwerpunkt auf dem außerschulischen Bereich siehe daher auch Christoph Schubert-Welle: „*Kein schönrer Tod*

Was nun Friedrich Wilhelm Foersters Aura als „Friedenspädagoge" anbelangt, so nährt sich diese offensichtlich aus seinen Schriften nach 1918 und einer Marginalie, die sich 1895 ereignet hatte: Foerster hatte sich 1895 gegen eine Verunglimpfung der Sozialdemokraten, sie seien vaterlandslose Gesellen, öffentlich ausgesprochen und war dafür zu Festungshaft verurteilt worden. Die Schriften nach 1918 lassen nun insofern eine Veränderung seiner Ansichten erkennen, als er eine Elite aus Militärs, Politikern und Adeligen als Alleinverantwortliche für das Desaster des Ersten Weltkrieges verantwortlich macht. Seine eigene Rolle und seine Schriften zwischen 1914 und 1918 hingegen hat er nie selbstkritisch verarbeitet: Der Wilhelminismus und seine gesellschaftlich durch deklinierte soziale Militarisierung blieben von Foerster auch im Rückblick ignoriert.

1901 lobte die Königliche Akademie der Wissenschaften zu Erfurt eine Preisfrage aus, weil die „Großstadtseuchen" steigenden Alkoholkonsums, wachsender Jugendkriminalität und die Gefahren der Sozialdemokratie überhand nahmen. Die Preisfrage lautete: „Wie ist unsere männliche Jugend von der Entlassung aus der Volksschule bis zum Eintritt in den Heeresdienst am zweckmäßigsten für die bürgerliche Gesellschaft zu erziehen?" Es war der Münchener Stadtschulrat Georg Kerschensteiner, der mit seiner Schrift „Staatsbürgerliche Erziehung der deutschen Jugend" den Preis zugesprochen bekam.[38] In ihr empfahl er

---

..." . *Die Militarisierung der männlichen Jugend und ihr Einsatz im Ersten Weltkrieg 1890-1918.* Weinheim/München 1998.

[38] Georg Kerschensteiner: *Staatsbürgerliche Erziehung der deutschen Jugend.* Erfurt 1901. Dies wird dann ganz auf den Krieg ausgerichtet bei Adolf Matthias: *Staatsbürgerliche Erziehung vor und nach dem Kriege.* Leipzig 1916; s. a. Alois Kunzfeld: „Der Weltkrieg, seine Ursachen und seine Lehren vom pädagogischen Standpunkte". In: *Pädagogisches Jahrbuch* 38 (1915), S. 1-12 und Ernst Horneffer: *Soldaten-Erziehung. Eine Ergänzung zur allgemeinen Wehrpflicht.* München/Berlin 1918, S. 18, der „staatsbürgerliche Erziehung" als „geistige Wehrhaftmachung" versteht. Horneffer nimmt im übrigen einige Denkmotive vorweg, die Erich Weniger zwanzig Jahre später im Rahmen seiner „Militärpädagogik" in die Formel vom „Geist des Soldatentums" gießt (Erich Weniger: „Wehrmachtserziehung und Kriegserfahrung" [1938]. In: ders.: *Lehrerbildung, Sozialpädagogik, Militärpädagogik. Politik, Gesellschaft, Erziehung in der geisteswissenschaftlichen Pädagogik.* Ausgew. u. komm. v. Helmut Gaßen. Weinheim/Basel 1990, S. 202-269, hier: S. 218).

ein Gemisch aus „Vaterlands-, Berufs-, Arbeits- und Tugenderziehung"[39], das zwar breite Resonanz finden konnte, aber auch auf Widerstand und Kritik stieß - u. a. bei Vertretern des jugendbewegten Wandervogel, da es ihnen als zu halbherzig erschien. Sie bevorzugten einen schärfere Gangart: „Wir wollen die Achtung vor deutschem Mannestum und die Verachtung aller nationalen und internationalen Waschlappigkeit systematisch großziehen, (..) kurz, wir wollen mithelfen, Jugendliche und Männer zu bilden, die bereit sind, für ihr Vaterland zu leben, und wenn es not tut, zu sterben. Und letzteres ist immer noch die Hauptsache".[40] Dies erinnert sofort an die markigen Worte des Major Fleck von 1890 und die Vorschläge zur Jugenderziehung aus der Militärpublizistik - und erstaunt daher um so mehr, als es offensichtlich zwischen dem kulturkritischen und reformpädagogischen Sprachgebrauch einerseits und der militärischen Rhetorik in Bezug auf Vaterland und Heldentod keine oder nur geringe Differenzen zu geben scheint.

Nun war Georg Kerschensteiners spätere Position ähnlich gelagert, wenngleich nicht ganz so militaristisch-nationalistisch ausgeprägt wie die seines Münchener Amtskollegen Friedrich Wilhelm Foerster. So lesen wir etwa Kerschensteiners „Offenen Brief an meine amerikanischen Kollegen" vom 9. Oktober 1914 und stellen fest, dass er den Aufruf „An die Kulturwelt" vom 4. Oktober 1914 offenbar sehr genau studiert haben muss. Denn wir erfahren aus seiner Feder: „(..) es gab und gibt keinen anderen Weg, unsere Kultur zu retten, als diesen einen (des Krieges; A.v.P.). So geben wir unsere Söhne, unsere Brüder, unsere

---

[39] Christa Berg: „Familie, Kindheit, Jugend". In: *Handbuch der deutschen Bildungsgeschichte Bd. IV 1870-1918: Von der Reichsgründung bis zum Ende des Ersten Weltkriegs.* Hrsg. v. Christa Berg. München 1991, S. 91-145, hier: S. 130.
[40] „Geleitwort der Bundesführung". In: *Der Wandervogel* (1906), S. 3. Zur Rolle des „Wandervogels" und der „Freideutschen Jugend" vgl. Fiedler: *Jugend im Krieg* (Anm. 21). Es ist genau dieser markige, kompromisslos die Opferung der Jugend auf dem Altar des Vaterlandes propagierende Ton, der das kriegspädagogische Klima dann nicht nur in der außerschulischen Jugendbewegung, sondern auch im schulischen Raum selbst bestimmen sollte; siehe vor allem Ulrich Bendele: *Krieg, Kopf und Körper. Lernen für das Leben – Erziehung zum Tod.* Frankfurt am Main/Berlin/Wien 1984 und Bruno Schonig: „Schulrekruten. Über die Zurichtung der Körper und Köpfe der Kinder in den deutschen Schulen vor dem Ersten Weltkrieg". In: Arbeitsgruppe „Lehrer und Krieg" (Hrsg.): *Lehrer helfen siegen. Kriegspädagogik im Kaiserreich mit Beiträgen zur NS-Kriegspädagogik* (Edition Diesterweg- Hochschule, Heft 2). Berlin 1987, S. 103-129.

Väter hin, um das einzige zu retten, was heute noch von Wert ist, das Vaterland. Dieser einzige Gedanke an das Schicksal des Vaterlandes hat alle ergriffen. Wenn etwas überwältigend ist in dieser Zeit voll Trauer und Schmerz, so ist es der wunderbare Geist der Eintracht, der dieses Volk von 70 Millionen, dieses Volk des ausgesprochenen Individualismus, dieses Volk, das tausend Jahre brauchte, um zur Einheit zu kommen, umschlingt. Was guter Stahl ist", so fährt Kerschensteiner ungewohnt markig fort, „wird immer besser, je mehr er gehämmert wird. (..) `Siegen oder untergehen´, das ist heute die Losung der Besten. (..) Dieser stahlharte Imperativ erfüllt jene, die im Felde stehen, und jene, die zu Hause mit beispielloser Opferwilligkeit für sie und die Zurückgebliebenen sorgen".[41]

Notwendigkeit des Krieges als Rettung der Kultur, „stahlharter Imperativ", Opferwilligkeit: Erst für das Vokabular des Nationalsozialismus hat man von einem „Wörterbuch des Unmenschen" gesprochen, doch hier - und Kerschensteiner ist nur eines von vielen Sprachrohren der Zeit, denn die Diktion liegt passgenau auf der Ebene der 3.100 deutschen Professoren - kündigt sich aus der Feder eines hochgeschätzten Reformpädagogen ein Denkweg an, der in die Barbarei führt.

Ein Jahr später, im November 1915 meldet sich Kerschensteiner mit einem Aufsatz zurück, in dem er prinzipiell das Verhältnis von Krieg und Erziehung zu klären beansprucht. Prinzipiell heisst bei Kerschensteiner in diesem Zusammenhang, den „Kampf" als Notwendigkeit alles „Organischen" zu bestimmen. Wie sehr Kerschensteiner damit am Topos vom „Krieg als Erzieher" partizipiert (und ihm doch eine aparte Nuance hinzufügt) zeigt sich am Wirklichen Geheimen Oberregierungsrat im Preußischen Kultusministerium, Adolf Matthias, der hierzu ausführt: „ (..) ohne die erziehende Kraft des Krieges würde die Menschheit schließlich einer großen Herde gleich werden, die in stumpfem Genuß die materiellen Güter dieser Erde abgrast, ohne aufwärts zu schauen zu den ewigen Idealen".[42] Die Sprache enthüllt, mit welcher Radikalität sich die gewohnten Denkbilder angesichts des Krieges umgekehrt haben: Der Mensch wird Mensch nicht

---

[41] Kerschensteiner: „Offener Brief", S. 384/385.
[42] Adolf Matthias: *Krieg und Schule.* Leipzig 1915, S. 12. Siehe auch Adolf Matthias: *Deutsche Wehrkraft und kommendes Geschlecht.* Leipzig 1915 und Max Döring: „Krieg und Schule". In: *Archiv für Pädagogik. I. Teil: Die pädagogische Praxis* 2 (1914), Nr. 12, S. 626-628.

über die Kultivierung des Friedens, sondern nur in der des Krieges; in der Umkehrung führt ein Ausbleiben des Krieges zur Vertierung des Menschen. Ich kürze Kerschensteiners Argumentation ab und pointiere nur: Weil schon in den „natürlichen Interessen der Menschen" vielfältige Gründe für Gegensätze angelegt sind, sind sie die Quelle von „Kampf". Dazu gehören auch unterschiedliche Erziehungsziele und Erziehungssysteme. Doch um der sozialen Ordnung willen müssen diese sich über kurz oder lang „der Gesamtaufgabe des Kulturstaates unterordnen". Aber weder über eine „Einheit des Bildungszieles" noch einen „nationalen Gedanken" können die Unterschiede auf Dauer ausgeglichen werden, sondern nur ein „einheitliches Prinzip der Entwicklung des Staatsgedankens" könne einen Weg aus der Verschiedenheit weisen, wobei das „Ringen um den Besitz der Kulturgüter" niemals still gestellt werden könne und daher das einzige einheitliche Prinzip von Erziehung in der „Erziehung zum Kampf" bestünde. Allerdings gibt es eine Option, unter der man von einem „freiwilligen Gehorsam" als Unterwerfung unter „echte Werte" eine kulturelle Entwicklung zur Sittlichkeit erwarten darf: Das ist der Krieg. Der Krieg als „ein Erzieher", so Kerschensteiner, „bindet das Widersprechende, schafft Einheit, löst Tugenden aus, wird zum Prüfstein alles sittlich und physisch Gesunden eines Volkes". Aus der Unterscheidung zwischen dem „Kampf," der aller Erziehung zu Grunde läge, und dem „Krieg", der die Vision höchster Sittlichkeit realisieren soll, zieht Kerschensteiner dann den verblüffenden Schluss: „Der Krieg ist nur in bedingtem Maße ein Erzieher, die Erziehung zum Kriege während des Krieges vermag nur unvollkommene Früchte zu zeitigen, in Friedenszeiten muß der Charakter geschmiedet werden, den der Krieg notwendig hat".

Kerschensteiners paradoxe Lösungsformel für die Problematik, ob ein Krieg ethisch und sittlich zu rechtfertigen sei, lautet demnach: Man muß im Frieden für den Krieg erziehen, weil sich nicht im Frieden, sondern nur im Krieg eine einheitliche, alle einzelnen Menschen einer Nation verpflichtende sittliche Idee realisieren lässt. Es liegt daher nahe, dass Kerschensteiner von diesem Gedankgang aus auf den „Fichteschen Geist"[43] verweist, weil Kerschensteiner offensichtlich

---

[43] Alle Zitate und Paraphrasierungen zu diesem Aufsatz Kerschensteiners folgen Georg Stiehler: „Kerscheinsteiners grundlegende Gedanken über Krieg und Erziehung". In: *Die Arbeitsschule* 29 (1915), S. 311-317. Siehe zu diesen Gedankengängen auch Georg Kerschensteiner: *Deutsche Schulerziehung in Krieg und Frieden*. Berlin 1916. Kerschensteiner beteiligte sich ebenfalls an der im Rahmen der Frauenbewegung aufge-

die Lage Fichtes in den napoleonischen Befreiungskriegen und seine „Reden an die deutsche Nation" mit der Situation des Deutschen Kaiserreichs von 1914 identifiziert. Es ist hier nicht der Ort, um die Zulässigkeit dieses Vergleichs zu prüfen; dass er hinkt, fällt schon auf den ersten Blick auf, weil Fichte, anders als Kerschensteiner, unter Bedingungen eines besetzten Preußens agitiert. Festgehalten werden soll nur, dass aus Kerschensteiners Analyse des Prinzips von Erziehung - Erziehung zum Krieg sei keine andere als eine Erziehung zum Frieden - folgt, dass der Umkehrschluss nicht gilt: Denn wer im Frieden zum Frieden erzieht, den überrascht der Krieg unvorbereitet. So gesehen, kann man Kerschensteiners Erziehungsanalyse auch eine retrospektive Rechtfertigung des wilhelminischen Militarismus entnehmen. Mehr noch: Weil er das Fundament seines Erziehungsbegriffs in die unauslotbare Tiefe des Organischen legt, wird der wilhelminische Militarismus von Kerschensteiner in die Aura des Biologisch-Anthropologischen entrückt und so zu einem ungreifbaren und zugleich unbegreifbaren Prinzip des „Lebens" schlechthin.

Herman Nohl schließlich bringt 1915 seine Überzeugung zum Ausdruck, dass der Jugend „dieser Krieg wie eine letzte Bewährung ihrer Ziele sein (mußte). (..) In ihm ist", so fährt Nohl fort, „der edelste Geist dieser Jugend wirksam geworden, und die diesen Krieg überleben, werden die heilige Aufgabe haben, ihn zu bewahren und immer mehr und mehr wahrzumachen".[44] Der Anklang an die Ziele, die der „Wandervogel" 1906 artikulierte, ist deutlich und kommt bei Nohl auch nicht von ungefähr: Bei Eucken in Jena habilitiert, schloss sich Nohl eng an den aus Leipzig übersiedelten „neu-romantischen", „neu-religiösen" und germanophilen Verleger Eugen Diederichs und dessen „Sera-Kreis" an.[45]

---

kommenen Diskussion einer „weiblichen Dienstpflicht": Georg Kerschensteiner: „Die Erziehung zur Pflicht". In: *Die weibliche Dienstpflicht*. Hrsg. vom Institut für soziale Arbeit. München 1916, S. 41-58.

[44] Herman Nohl: *Vom deutschen Ideal der Geselligkeit*. In: Ders.: *Pädagogische und politische Aufsätze*. Jena 1919, S. 36-57, hier: S. 56.

[45] Zu einer genaueren Prüfung der Nohlschen Idealisierung der kulturellen und erzieherischen Ziele des Ersten Weltkriegs im Kontext der Jenaer Provinzkultur vgl. die einschlägigen Beiträge in Gangolf Hübinger (Hrsg.): *Versammlungsort moderner Geister. Der Eugen Diederichs Verlag – Aufbruch ins Jahrhundert der Extreme*. München 1996; Justus H. Ulbricht/Meike G. Werner (Hrsg.): *Romantik, Revolution und Reform. Der Eugen Diederichs Verlag im Epochenkontext 1900-1949*. Göttingen 1999. Sowie jetzt: Meike G. Werner: *Moderne in der Provinz. Kulturelle Experimente im Fin de Siècle Jena*. Göttingen 2003.

Gleichwohl ist uns heute das Pathos Nohls und all jener, die im Ausbruch des Weltkriegs eine Verwirklichung von Zielen und Idealen erblickten, fremd und fast unzugänglich. Nur mit Erstaunen kann man heute registrieren, dass Pädagogen ernsthaft daran geglaubt haben, in einem Krieg könnte sich der "edelste Geist" einer Jugend realisieren - es sei denn, aber dazu hat sich Herman Nohl meines Wissens rückblickend nie geäußert, Nohl habe bedenkenlos jene Argumentation der deutschen Mandarine akzeptieren können, die von dem als unhinterfragbar geltenden Dogma ausging, dass aus der Verteidigung der deutschen Kultur ein Recht auf Krieg abzuleiten sei. Nohls Idealisierung der sogenannten „Deutschen Bewegung" vom Ausgang des 18. Jahrhunderts jedenfalls, die schon zu Jenaer Zeiten literarischen Niederschlag gefunden hatte, könnte ihn unter Umständen anfällig gemacht haben für die vorbehaltlose Identifizierung seiner Vorstellung von „Deutscher Bewegung" und „deutscher Kultur", die von Materialismus, bloßer Zivilisation und Barbarei bedroht seien. Zum Denk- und Deutungsmuster der deutschen Mandarine jedenfalls gehörte die Überzeugung, der Krieg werde geführt, um Goethe, Kant und Beethoven vor der Barbarei der Engländer, Franzosen und Russen zu schützen. Insofern auch konnte man dem Weltkrieg auf deutscher Seite dann sogar noch einen hohen ethischen Wert zusprechen.[46]

3. „Kriegspädagogik". Zur Militarisierung der Pädagogik

Was aber geschah wirklich in der Schule? Gab es eine „Kriegspädagogik", die über die professoralen Diskurse, Aufrufe und Erklärungen hinaus Wirkungen inhaltlicher, didaktischer, methodischer Art zeitigte; was war deren Selbstverständnis, welches waren ihre Ziele? Offenkundig hat es eine ausdrückliche „Kriegspädagogik" gegeben - und zwar mehr als es dem Auftrag und den normalen Aufgaben der Schule lieb gewesen ist. So etwa klagte schon 1915 der Herausgeber der Zeitschrift „Die Arbeitsschule":
„Die Kriegspädagogik unserer Tage erschöpft sich in einer Fülle von Vorschlägen über die künftige Erziehung der deutschen Jugend. (..) Das militärische

---

[46] So etwa Oswald Külpe: *Die Ethik und der Krieg. Kriegsvortrag der Universität München, gehalten am 19. Februar 1915.* Leipzig 1915.

Mäntelchen, die Betonung des Stoffes im Hinblick auf Schützengräben, Uniform und Kanonen bedeutet für viele ein Stück Unterrichtsreform und geistige Einstellung schlechthin, die tieferen sittlichen und nationalen wie psychischen Forderungen aber werden mitunter übersehen".[47]
Dabei erscheinen gerade in dieser Zeitschrift regelmäßig solche an einzelnen Fächern ausgerichtete Unterrichtsvorhaben.[48] Sie beschäftigen sich mit „Schülerkriegsgedichten", „Liebesgaben aus der Schülerwerkstatt" für Frontsoldaten und Verwundete, „Spielgeräten und Waffen von Knaben in heutiger Zeit", „Kriegsarbeit in der Handarbeitsschule", „Kriegsschiffen", „Jungenarbeit vom Kriege", „Verteidigungsbauten", „Kriegstagebüchern", dem „Schützengrabenspiegel", um nur einige Themen allein aus dem Jahrgang 1915 zu benennen. Herausragendes Merkmal aller Beiträge in dieser Zeitschrift (in der auch eine Fülle praktischer Erfahrungen mit den Unterrichtsbeispielen mitgeteilt wird) ist, dass in ihnen ein zentrales und auch von Georg Kerschensteiner in den Mittelpunkt der Neuen Erziehung gestelltes Prinzip, das der Arbeitsschule, zum Fun-

---

[47] Stiehler: „Kerschensteiner", S. 311.

[48] Eine systematische Recherche in den zeitgenössischen Zeitschriften und den Verlagsprogrammen fördert eine fast unüberschaubare Menge von fach- und unterrichtsbezogenen Publikationen zu Tage, die es gerechtfertigt erscheinen lassen, von der Produktion einer eigenständigen kriegspädagogischen (nicht allein propagandistischen) Literatur zu sprechen. Von dieser im engeren Sinne „fachdidaktischen" Literatur muss man dann allerdings einen Literaturtypus „Kriegspädagogik" unterscheiden, dem es auf systematisch-theoretische Aspekte und Konzepte einer „anderen" Pädagogik ankommt. Zum ersteren Typus gehören insbesondere und exemplarisch H. Korsch: *Kriegsstunden. Stoffe und Darbietungen für die Schule*. 4 Bände. Leipzig 1915/1916 (dazu wurden von Korsch [Leipzig 1917] auch noch „Schülerhefte" herausgegeben). In dem Band von Walther Janell (Hrsg.): *Kriegspädagogik. Berichte und Vorschläge*. Leipzig 1916 findet man zu jedem Schulfach kriegspädagogisch-didaktisch ausgearbeitete Unterrichtsempfehlungen, überdies Anregungen für „militärische Übungen", Hinweise für die spezielle „Schulzucht" und Ratschläge für zeitgemäße „Schulfeiern". Siehe ebenfalls *Schule und Krieg. Sonderausstellung im Zentralinstitut für Erziehung und Unterricht Berlin*. Berlin 1915, wo neben den einschlägigen Schulfächern erstmals auf den in der späteren kriegspädagogischen Literatur immer wichtiger werdenden und intensiver bearbeiteten Gegenstandsbereich „Krieg und jugendliches Seelenleben" (von Dr. Bobertag) eingegangen wird. Eine besondere Stellung in dieser Literatur nimmt der 1936 (!!) erschienene Band *Lehrer im Krieg. Ein Ehrenbuch deutscher Volksschullehrer. Die Kriegsarbeit deutscher Lehrer in der Heimat. Mit herausragender Unterstützung der Gliederungen des NSLB, der Lehrerbüchereien, staatlicher und parteiamtlicher Dienststellen und vieler Volksschullehrer sowie im Einvernehmen mit der Reichsamtsleitung des NSLB*. Hrsg. von Franz Führen. Leipzig 1936 ein.

dament der schulischen Kriegserziehung geworden ist. Alles zu pädagogisieren: In dieser Gefahr steht ein „kriegspädagogisches" Denken immer, wenn es in ihm darum geht, alles was mit dem „großen Krieg" zu tun hat, auf seine erziehlichen Botschaften hin unterrichtlich umzusetzen.[49]
Allerdings muss man demgegenüber registrieren, dass sich im Schrifttum zunehmend eine Ablehnung jener reformpädagogischen Strömung artikuliert, die man als „Pädagogik vom Kinde aus" bezeichnet hat. So publiziert beispielsweise der Straßburger Pädagoge Theobald Ziegler 1914 „Zehn Gebote einer Kriegspädagogik", die an ein neues Berufsethos des Lehrers appellieren. Im zehnten Gebot heißt es u. a.: „Du sollst Dich freuen, daß es aus ist mit dem Jahrhundert des Kindes; denn das war ein ganz törichtes Schlagwort".[50] Noch schärfer aber urteilte der preußische Ministerialbeamte Matthias über Ellen Keys „Jahrhundert des Kindes": „Es war pädagogische Stickluft, die über diesem Buche lag und in ihm atmete. Der große Krieg hat – für Deutschland wenigstens – dieser seichten Pädagogik ein rasches Ende bereitet und auf dunklem, blutgerötetem Hintergrunde das heilige Wort ‚Pflicht' widerstrahlen lassen".[51]
Aus diesem Denken erwuchs in der „Kriegspädagogik" dann im weiteren eine tiefe Abneigung gegenüber jeder sogenannten „Ausländerei"[52].
Die Herausgeber des „Archivs für Pädagogik", Max Brahn und Max Döring, richten sich kurz nach Kriegsbeginn mit einer Note an ihre Leser, deren Tenor man so oder ähnlich in vielen Zeitschriften finden kann, und in der präzise die große Aufgabe und Verantwortung erwähnt wird, die in dieser Zeit auf die Pä-

---

[49] So z. B. Friedrich Wilhelm Foerster: „Die pädagogische Behandlung des Weltkrieges in Schule und Haus". In: *Pädagogisches Jahrbuch* 38 (1915), S. 63-83 und Franz Weigl: *Die Jugenderziehung und der Krieg. Anregungen zur Belehrung und Führung der Jugend im und nach dem Völkerkrieg.* München 1915..

[50] Theobald Ziegler: „Zehn Gebote einer Kriegspädagogik". In: *Schwäbischer Merkur* Nr. 419 vom 10. September 1914; Nachdruck als Anhang in Theobald Ziegler: *Kriegspädagogik und Zukunftspädagogik.* Vortrag gehalten am 23. Januar 1915 im Frankfurter Lehrerverein. Mannheim 1915, S. 25-26.

[51] Matthias: *Krieg und Schule,* S. 23 (wie Anm. 42). Gegen das „Jahrhundert des Kindes" auch Emil Schott: „Der Krieg und die deutsche Jugenderziehung". In: *Deutsche Blätter für erziehenden Unterricht* 41 (1914), S. 281-285, 289-292, hier: S. 282.

[52] So z. B. K. Wehner: „Kriegspädagogik". In: *Neue Bahnen* 26 (1915), S. 356-360, hier: S. 356f.: „Alle die Werte geistiger und sittlicher Art, die in den Werkstätten des Geistes geschaffen, gehütet, gepflegt und gegenüber einem steigenden Realismus und Ameri-

dagogik – ja expressis verbis auf die „pädagogische Bewegung" (allerdings einer immer national[53] und „wehrhaft" gedachten) - zukommt:
„Während sich unser Vaterland zu dem gewaltigsten Kampfe rüstet, den die Welt je sah, während uns die Kunde von den ersten Schlachten ereilte, schien es wohl, als sei jedes wissenschaftliche Interesse gelähmt, als sei alles Denken einseitig gebunden. Nun uns der Krieg selber gelehrt, wie Technik und Wissenschaft einerseits, Bildung und Erziehung jedes einzelnen andererseits die Wehrhaftigkeit unseres Volkes bestimmen, beginnen wir uns auf die in Krieg und Frieden gleiche Bedeutung der Erziehungswissenschaft zu besinnen und sehn uns zahlreichen neuen Problemen gegenüber. Die Größe und Eigenart der Zeit stelle der Schule ihre besonderen unterrichtlichen und erziehlichen Aufgaben. *Das Große, das wir erleben, ringt nach pädagogischer Gestaltung.* Schon jetzt ahnen wir, wie außerordentlich stark die *pädagogische Bewegung durch die Erfahrungen des Krieges beeinflußt werden wird,* wie Erziehungsfragen, ähnlich wie in der Zeit der Befreiungskriege, alle Menschen beschäftigen werden".[54]
Die Schulverwaltungen sehen dies ähnlich. So ist etwa dem Aufruf des Essener Kreisschulinspektors Dr. Rensing an die Lehrerschaft vom 8. September 1914 folgende Feststellung zu entnehmen: „Die gegenwärtige schicksalsschwere Zeit mit ihren großen Ereignissen ist überaus reich an dauerndem erziehlichem Werte; seine lebenskräftige Entfaltung muß eine Hauptaufgabe der pädagogischen Wirksamkeit bilden". Dazu unterbreitet er, wie unzählige seiner pädagogischen Zeit- und Amtsgenossen, auch eigene Vorschläge.[55] Neben der fächerorientierten und didaktischen Spezialisierung differenzierte sich das Terrain der „Kriegspädagogik" beständig weiter aus: es greift auf die Kunst zurück und äs-

---

kanismus (in der deutschen Schule, A.v.P.) verteidigt wurden, sind auf einmal mächtig im Kurse gestiegen".

[53] „The war proves that national sentiment is now the strongest sentiment in the world"; William Salter: „Nietzsche and the War". In: *The International Journal of Ethics* XXVII (1917), No. 3, S. 357-379. Vgl. auch Ernst Horneffer: *Der Krieg und die deutsche Seele. Dritte vaterländische Rede.* München 1915.

[54] Max Brahn/Max Döring: „An die Leser". In: *Archiv für Pädagogik* 3 (1914), Nr. 1 (November), S. 1-2, hier: S. 1 (kursiv A.v.P.).

[55] Aufruf des Essener Kreisschulinspektors an die Lehrerschaft der Inspektionsbezirke Essen II und III, 8.9.1914. In: *Amtliches Schulblatt für den Regierungsbezirk Düsseldorf* Jg. 7, Nr. 20, 1.10.1914, S. 169. Gegen die sich literarisch breit machende „leichte Art von Kriegspädagogik" wettert bereits K. Wehner: „Kriegspädagogik", S. 358 (wie Anm. 52).

thetisiert den Krieg⁵⁶; es wendet sich der Volksschule⁵⁷ und der höheren Bildung⁵⁸ in je getrennter Literatur zu; es koaliert mit der sich im Ersten Weltkrieg als Wissenschaftsdisziplin etablierenden Psychologie⁵⁹ und entwickelt eine eigene experimentelle pädagogisch-psychologische Forschung zu den Auswirkungen des Krieges auf das „kindliche Seelenleben"⁶⁰.

---

⁵⁶ Vgl. etwa Kurt Engelbrecht: *Krieg, Kunst und Leben. Betrachtungen.* Leipzig ²1916; Fr. Kanndeler: *Kunsterziehung und Weltkrieg. Erziehung durch Kunst und Schule. Ein Vortrag.* Grünau ²1917; Richard Hamann: *Krieg, Kunst und Gegenwart.* Marburg 1917.

⁵⁷ Siehe Kurt Krebs: *Krieg und Volksschule. Ein Zeitbild mit Vorschlägen für Leitung und Unterricht* (Perthes' Schriften zum Weltkrieg, fünftes Heft). Gotha 1915; Hanno Bohnstedt: *Die Erziehung unserer Volksschuljugend und der Krieg.* Langensalza ²1918.

⁵⁸ Siehe anstelle vieler Gerhard Budde: *Krieg und höhere Schule!* Langensalza 1915.

⁵⁹ Vgl. hierzu die Pionierarbeit von Christine Holzkamp: „Der ‚blinde Fleck': Psychologische Forschung im Ersten Weltkrieg". In: Arbeitsgruppe „Lehrer und Krieg" (Hrsg.): *Lehrer helfen siegen. Kriegspädagogik im Kaiserreich mit Beiträgen zur NS-Kriegspädagogik* (Edition Diesterweg-Hochschule, Heft 2). Berlin 1987, S. 91-101 sowie Eckart Scheerer: „Kämpfer des Wortes: Die Ideologie deutscher Psychologen im Ersten Weltkrieg und ihr Einfluß auf die Psychologie der Weimarer Zeit". In: *Psychologie und Geschichte* 1 (1989), H. 1, S. 12-22; Marianne Müller-Brettel: „Psychologische Beiträge im Ersten Weltkrieg: Ausdruck von Kriegsbegeisterung und Patriotismus oder Ergebnis des Entwicklungsstandes psychologischer Theorie und Forschung?" In: *Psychologie und Geschichte* 6 (1994), H.1/2, S. 27-47. Zeitgenössisch: Walther Dix: *Psychologische Beobachtungen über die Eindrücke des Krieges auf einzelne wie auf die Masse.* Langensalza 1915; Franz Janssen: „Psychologie und Militär". In: *Zeitschrift für Pädagogische Psychologie und Experimentelle Pädagogik* XVIII (1917), S. 97-109.

⁶⁰ Richtungsweisend war hier die Sammlung und Auswertung kindlicher Verarbeitungen von „Kriegserfahrungen" (Zeichnungen, Kriegsgedichte, Kriegsaufsätze) *Jugendliches Seelenleben und Krieg. Materialien und Berichte.* Unter Mitwirkung der Breslauer Ortsgruppe des Bundes für Schulreform und von O. Bobertag, K. W. Dix, E. Kik, A. Mann hrsg. von William Stern (Beiheft 12 der Zeitschrift für angewandte Psychologie und psychologische Sammelforschung). Leipzig 1915. Ähnlich auch Hanns Floerke (Hrsg.): *Die Kinder und der Krieg. Aussprüche, Taten, Opfer und Bilder.* München ³1915. Neuerdings noch *Militarisierung der Kindheit* (Ausstellungen des Museums Schloß Salder vom 03. September 1989 bis 25. Februar 1990) Katalogheft. Salzgitter 1990. Auf der Basis von Umfragen dann Ladislaus Nagy: „Ergebnisse einer Umfrage über die Auffassung des Kindes vom Kriege". In: *Zeitschrift für angewandte Psychologie* 12. Bd. (1917), S. 1-63. Vergleichbare Untersuchungen entwickelten sich dann in zwei verschiedenen Richtungen: eine eher *phänomenologischen*, für die etwa Erich Hylla: „Krieg und jugendliches Seelenleben". In: *Neue Bahnen* 26 (1914/1915), Heft 11, S. 465-474 steht und eine auf die Entfaltung *methodologischer Grundlagen* abzielende, der man Max Döring: „Zur Erforschung des seelischen Verhaltens der Kinder im

Bereits nach einjähriger Kriegsdauer beginnt sich jedoch da und dort auch in der pädagogischen Publizistik Unmut über die vielerlei „Kriegsdienste", für die die Schule eingespannt werde, zu artikulieren. „Da wird, alles unter starker Inanspruchnahme der Schulstunden, Geld zu Liebesgaben gesammelt, die mitgebrachten Sachen werden verpackt, Begleitschreiben abgefaßt; eingelaufene Feldpostbriefe und Nachrichten aus dem Felde werden verlesen (..); in vielen Schulen werden Kriegschroniken geführt. Kriegsmaterial aller Art wird in die Schule geschleppt (..) dazu kommen die vielen schulfreien Tage, dann die Beteiligung der Schüler an Gold-, Kupfer-, Gummi-, Woll-, Büchersammlungen (..)." „Unter solchen Umständen ist von planmäßiger Arbeit, von wirklicher Erledigung der Aufgaben der Schule gar nicht die Rede", dies führe allenfalls „zu unersetzlichen Lücken im Wissen und Können der Schüler".[61]

Auch in Frankreich kommen spätestens Ende 1917 vergleichbare Meinungen auf. In einem Bericht von Emil Petit, den ich dem Beitrag von Audoin-Rouzeau über „Die mobilisierten Kinder. Die Erziehung zum Krieg an französischen Schulen" entnehme, erfährt man: „Im ersten Kriegsjahr", so Petit, „gab es in der Schule hinsichtlich des Krieges nur eine Lehre. Man sagte den Volksschullehrern - und diese wiederholten es: 'Der Krieg muß unterrichtet werden, Der Krieg muß im Zentrum des Interesses stehen, von ihm müssen alle Unterrichtsstunden ausgehen'. Da die kriegerische Auseinandersetzung seit mehr als zwei Jahren andauert, taucht nun eine zweite Lehre auf, die sich auf sehr vernünftige Argumente stützt und die Rückkehr zum Normalzustand fordert".[62]

Kriege" In: *Archiv für Pädagogik. II. Teil: Die pädagogische Forschung* 4 (1916), Nr. 4, S. 177-185 zurechnen kann. Dies fand Fortsetzung bis in die Weimarer Republik hinein; siehe etwa K. Wittig: *Der Einfluss des Krieges und der Revolution auf die Kriminalität der Jugendlichen und ihre Behandlung im Jugendgefängnis durch Willensübungen.* Langensalza 1921.

[61] Fritz Elsner: „Die Schule und der Krieg". In: *Für unsere Mütter und Hausfrauen. Beilage zur Gleichheit. Zeitschrift für die Interessen der Arbeiterinnen* 25 (1915), Nr. 26, S. 101f.

[62] E. Petit: *De l'ecole à la nation pendant la guerre.* Paris 1917, S. 1. Zit. n. Stéphane Audoin-Rouzeau: „Die mobilisierten Kinder. Die Erziehung zum Kriege". In: *"Keiner fühlt sich hier mehr als Mensch..". Erlebnis und Wirkung des Ersten Weltkriegs.* Hrsg. v. G. Hirschfeld/G. Krumeich/I.-Renz. Frankfurt am Main 1996, S. 178-204.

Obwohl man nach der vorstehenden Untersuchung davon ausgehen kann, dass es so etwas wie eine „Kriegspädagogik" gegeben hat[63] - in der Zeit zwischen 1914 und 1918 ist diese als *terminus technicus* durchaus geläufig -, wird man doch unter diesem Stichwort in den Publikationen zur Historischen Bildungsforschung oder den traditionellen Geschichten der Pädagogik und Erziehung nicht fündig. Selbst im einschlägigen *Handbuch der deutschen Bildungsgeschichte*, das in seinem Band IV den Zeitraum von 1870 bis 1918 behandelt, findet man weder das Stichwort „Kriegspädagogik" noch den Hinweis auf „Kriegserziehung". Der Verweis auf „Militarisierung" führt zwar zu Kurzdarstellungen über den größeren Kontext von „Kriegspädagogik", aber es gibt bis heute keine bildungs- und diskursgeschichtliche Monographie zu diesem Thema, das auch international vergleichend angelegt sein muss. Und dies, obwohl man schon seit den 60er Jahren des 20 Jahrhunderts auf den Nachweiskatalog der „Bibliothéque de Documentation Internationale Contemporaine" in Paris zurück greifen kann, in dem über 50.000 Monographien weltweit zum Ersten Weltkrieg erfasst sind.

Es kann auch nicht behauptet werden, es gäbe überhaupt keine nennenswerte einschlägige pädagogische zeitgenössische Literatur über Kriegspädagogik. Als 1915 in Berlin das „Zentralinstitut für Erziehung und Unterricht" eingerichtet wurde, präsentierte es sich mit einer Sonderausstellung „Schule und Krieg". Im später publizierten Katalog und Textteil findet man zum Thema eine 56-seitige Bibliographie. Auch der von Janell 1916 herausgegebene Sammelband „Kriegspädagogik" bictct cinc Füllc bildungshistorisch rclcvantcr Litcratur[64].

Brisanz besitzt diese Literatur und ihre Wirkungsgeschichte in der Weimarer Republik ganz gewiss. Zum einen, weil es eine noch weitgehend unbeantwortete Frage ist, was aus der „Reformpädagogik", die es ja von etwa 1890 bis 1914 schon gab, und die nach 1918 wieder auftauchte, zwischen 1914 und 1918 geworden ist: welche reformpädagogischen Autoren bruchlos kriegspädagogisch

---

[63] Vieles firmiert allerdings unter diesem Titel, ohne entweder über Sammlungen für Unterrichtsstunden (so Theodor Schiebuhr: *Kriegspädagogik*. Langensalza 1916) oder aber über bloße militärpädagogische Programmatik (wie z. B. bei Franz Rieger: „Kriegspädagogische Jugenderziehung". In *Pädagogisches Jahrbuch* 39 (1916). Wien 1916, S. 1-24) hinaus zu weisen.

[64] Hierzu muss man auch die Literatursammlungen und kritischen Besprechungen zählen, die H. Keller zwischen 1917 und 1919 vorgelegt hat: „Krieg und Schule". In: *Zeitschrift für angewandte Psychologie* 12 (1917), S. 108-152, 13 (1918), S. 263-290,14 (1919), S. 109-114, 201-246.

denken und argumentieren konnten und welche Konsequenzen dies für die Dignität der „Reformpädagogik" möglicherweise haben könnte. Dies müsste systematisch angegangen werden; ich habe im vorliegenden Beitrag nur einen ersten Zugriff vornehmen können und möchte an dieser Stelle nur noch den Hinweis geben, dass etwa Gertrud Bäumer den reformpädagogischen Streit zwischen Individual- und Sozialpädagogik für „durch die Tatsachen entschieden" betrachtet und hinzugefügt hat: „Wir haben unsere ganze Erziehung einzustellen auf den Staatsbürger, auf die Staatsbürgerin" – alles reformpädagogische Individualisieren habe man zu vergessen.[65] Neben Theoriefragen einer zukünftigen Systematischen Pädagogik wurden aber schon während des Krieges auch Perspektiven einer zukünftigen Schul- und Bildungsreform[66] sowie allgemeine Fragen der Volksbildung[67] diskutiert. Zum anderen ist das kriegspädagogische Thema anhaltend relevant, weil wirkungs- und rezeptionsgeschichtlich so gut wie unerforscht geblieben ist, wie die Weimarer Pädagogik die Kriegspädagogik verarbeitet hat. Aber man kann wissen, dass sowohl die Kriegsbegeisterung der männlichen Jugend wie auch das Thema Militarismus und Schule in der Weimarer Republik anhalten.[68] Die zentrale Frage, die Franz Kemény 1918 in seiner Monographie „Kritik und Philosophie der Kriegspädagogik" aufgeworfen hat,

---

[65] Gertrud Bäumer: „Die Lehren des Weltkrieges für die deutsche Pädagogik". In: *Verhandlungen der XIV. Generalversammlung (Kriegstagung) des Allgemeinen Deutschen Lehrerinnenvereins in Berlin vom 22. Mai bis zum 25. Mai 1915.* Zusammengestellt von Margarete Poehlmann. Leipzig/Berlin 1915, S. 24-35. Siehe zu diesem Themenkreis auch Max Brahn: „Pädagogische Neuwertungen durch den Krieg". In: *Archiv für Pädagogik* 3 (1914), Nr. 1, S. 2-9; Hermann Mosapp: „Die Neuorientierung unserer Pädagogik nach dem Kriege". In: *Deutsche Blätter für erziehenden Unterricht* 43 (1916), S. 395-398, 402-406; R. Seyfert: „Erziehliche Lehren des Weltkrieges". In: *Archiv für Pädagogik. I. Teil: Die pädagogische Praxis* 4 (1916), Nr. 5, S. 193-200.
[66] Siehe als Beispiele Hugo Kühn: „Kulturaufgaben des deutschen Volksschullehrers nach dem Kriege". In: *Deutsche Blätter für erziehenden Unterricht* 33 (1915/16), No. 30, S. 233-235, 241-244, 249-251, 256-259; Seminardirektor Scholz: „Die deutsche Schule nach dem Weltkriege". In: *Deutsche Blätter für erziehenden Unterricht* 33 (1915/16), No. 22, S. 169-172, 177-180, 185-189; Aloys Fischer: *Aufgabe und Entwicklung des deutschen Schulwesens nach dem Kriege.* Leipzig 1916.
[67] Wilhelm Rein: *Die Volkserziehung nach dem Kriege. Betrachtungen.* Wien 1917.
[68] Siehe Benno Hafeneger/Michael Fritz (Hrsg.): *Wehrerziehung und Kriegsgedanke in der Weimarer Republik. Ein Lesebuch zur Kriegsbegeisterung junger Männer. Band 2: Jugendverbände und -bünde.* Frankfurt am Main 1992. Zeitgenössisch Theo Herrle: „Schule und Militarismus". In: *Neue Bahnen* 30 (1919), S. 73-78; Hans Hänig: „Militarismus und Schulreform". In: *Neue Bahnen* 33 (1922), S. 313-315.

scheint mir noch immer unbeantwortet zu sein: „Inwiefern können, dürfen und müssen", so Kemény, „die Erfahrungen des Krieges für die Erziehung nach dem Kriege verwertet werden? (..) Was hat sich aus der alten Rüstkammer von Erziehung und Unterricht bewährt, was nicht, und warum beides? Welches ist das neue, das uns für eine fortschrittliche Entwicklung nottut?"[69]

---

[69] Franz Kemény: *Kritik und Philosophie der Kriegspädagogik*. Langensalza 1918, S. 30.

Bernd Wegner

Erziehung zum Tod: Himmler, die SS und das Leitbild des ‚politischen Soldaten'

Organisationsgeschichtlich betrachtet ist die SS ungeachtet der säkularen Auswirkungen ihrer Destruktivität nur eine flüchtige historische Erscheinung gewesen.[1] Machtpolitisch wirksam war sie für die Dauer kaum einer halben Generation. Das politische System, innerhalb dessen sie agierte, währte nicht einmal so lang wie die Regierungszeit Adenauers oder jene der sozial-liberalen Koalition, ganz zu schweigen von der Amtszeit der Regierung Kohl. Der Zeitraum, der uns heute vom Ende des sogenannten „SS-Staates"[2] trennt, übertrifft dessen eigene Existenzdauer mittlerweile um annähernd das Fünffache. Auch in einem ganz anderen Sinne war die SS ein eher flüchtiges Phänomen: Sie hat keinerlei feste Strukturen entwickelt, die sich dem Gedächtnis eingeprägt oder Spuren in der Geschichte hinterlassen hätten. Wenn die Geschichte der SS Historiker und Medien bis heute beschäftigt, so allein auf Grund der Ungeheuerlichkeit ihrer Taten, nicht der Originalität ihrer Ideen oder der Beständigkeit ihres institutionellen Gefüges. Dieses war vielmehr ständigem Wandel unterworfen. Wer sich je mit der Geschichte der SS oder einzelner ihrer Teile beschäftigt hat, weiß, wie leicht man sich im Dschungel stets neuer Organisationen, Neubenennungen und Ressortverteilungen verliert. Insoweit spiegelt sich im Erscheinungsbild der SS durchaus die polykratische Verfasstheit des NS-Systems als Ganzes.[3] Diesem kurzatmigen Gestaltwandel entsprach ein ebenso rasanter Funktionswechsel der SS: von der Leibwache eines zunächst wenig erfolgreichen Politikers zur ‚Parteipolizei' der NSDAP;

---

[1] Ungeachtet zahlloser Einzeldarstellungen zur Geschichte der SS liegen wissenschaftlich verlässliche Gesamtdarstellungen kaum vor. Den vielleicht besten Gesamtüberblick bietet Robert L. Koehl, The Black Corps. The Structure and Power Struggles of the Nazi SS. Madison 1983.

[2] Begriff nach: Eugen Kogon, Der SS-Staat. Das System der deutschen Konzentrationslager. Berlin 1947 (zahlreiche Neuaufl.).

[3] Grundlegend hierzu immer noch der Aufsatz von Peter Hüttenberger, Nationalsozialistische Polykratie, in: Geschichte und Gesellschaft 2 (1976), S. 417-442.

von der Parteipolizei zur innenpolitischen Schlüsselgewalt im Deutschen Reich; von der innenpolitischen Schlüsselgewalt zu einem wichtigen Faktor der deutschen Kriegführung, zum Herrn über weite Teile des von Deutschland besetzten Europa und zum Exekutor des Völkermords. Schlußpunkt dieser einzigartigen Machtentfaltung war schließlich der – freilich vergebliche – Versuch der SS, sich als „germanische Elite" und damit als die maßgebliche Antriebskraft einer nationalsozialistischen Neuordnung Europas zu etablieren. Es war mithin die Geschichte eines gigantischen historischen Strohfeuers, – eine Geschichte ohne eine einzige Phase der Ruhe und Stetigkeit. Jedes machtpolitische Ziel, das erreicht wurde, war nur eine Zwischenetappe auf dem Weg zu wiederum weiter gesteckten Zielen. Nicht umsonst verstand sich die SS als Exponent weniger einer Partei denn einer ‚Bewegung'.

Im Jahre 1929 gehörten der SS einige hundert Mann an, fünfzehn Jahre später weit über eine halbe Million. Der Dynamik dieser Entwicklung entsprach eine immense soziale, zunehmend aber auch politische Heterogenität des SS-Personals.[4] Zu Himmlers schwarzem Orden zählten ‚Alte Kämpfer' und Karrieristen, Proletarier und Aristokraten, Akademiker und Analphabeten, Kleinbürger und anti-bourgeoise Desperados, Reichs- und ‚Volks'-Deutsche, ‚germanische' und ‚fremdvölkische' Ausländer. Inmitten solcher Vielfalt und Vielgesichtigkeit das Bewußtsein ordensmäßiger Einheit zu bewahren und die zentrifugalen Kräfte innerhalb der SS unter Kontrolle zu halten, war – je länger desto mehr – ein Hauptanliegen aller Himmlerschen Erziehungsbemühungen.

---

[4] Zum Personal der SS liegen zahlreiche Arbeiten vor: vgl. neben den statistisch breit fundierten Studien zur Vorkriegs-SS von Gunnar C. Boehnert (A sociography of the SS officer corps, 1925-1939. Ph.D., London 1977) und Herbert F. Ziegler (Nazi Germany's New Aristocracy: The SS Leadership, 1925-1939. Princeton 1990) v.a. die einschlägigen Werke zu Teilbereichen des Himmlerschen Imperiums: Bernd Wegner, Hitlers Politische Soldaten: die Waffen-SS 1933-1945. Paderborn 1999 (6. Aufl.), Teil IV; Jens Banach, Heydrichs Elite. Das Führerkorps der Sicherheitspolizei und des SD 1936-1945. Paderborn 1998; Karin Orth, Die Konzentrationslager-SS: sozialstrukturelle Analysen und biographische Studien. Göttingen 2000, sowie zuletzt die vorzügliche Arbeit von Michael Wildt, Generation des Unbedingten: das Führungskorps des Reichssicherheitshauptamtes. Hamburg 2002. Eine Sammlung von 30 exemplarischen Lebensläufen hoch- und höchstrangiger SS-Führer bietet der Band von Ronald Smelser und Enrico Syring (Hrsg.), Die SS. Elite unter dem Totenkopf. 30 Lebensläufe. Paderborn 2000.

Sein maßgebliches Leitbild hierbei war der ‚politische Soldat'. Über dessen allgemeine Bedeutung für die SS wird im folgenden zunächst zu sprechen sein, bevor wir uns in einem zweiten Schritt einigen konkreten erzieherischen Bemühungen des Reichsführers-SS zuwenden.[5]

I.

Das Leitbild des ‚politischen Soldaten' war, obwohl als Begriff in unterschiedlichen politischen Lagern geläufig, eine unmittelbare und durchaus folgerichtige Ableitung aus zentralen Grundsätzen der nationalsozialistischen Weltanschauung. Zu ihnen gehörte vor allem die Vorstellung, daß Kampf die Grundlage sowohl des individuellen als auch des kollektiven ‚völkischen' Lebens sei. Gemeint war dabei nicht der Kampf als eine nach mehr oder weniger festen Regeln ausgetragene Auseinandersetzung zur Erreichung begrenzter, konkret definierbarer Ziele, wie sie uns z. B. aus dem sportlichen Wettkampf, dem Duellwesen oder der Kriegführung des 18. Jahrhunderts bekannt ist. ‚Kampf' meint hier in einem vulgär sozialdarwinistischen Sinne vielmehr den ‚Daseinskampf'. Der Titel von Hitlers erstem Buch ist demnach durchaus programmatisch zu verstehen; es heißt darin u. a.:

„Die [nationalsozialistische] Bewegung hat grundsätzlich ihre Mitglieder so zu erziehen, daß sie im Kampfe nicht etwas lästig Auferzogenes, sondern das selbst Erstrebte erblicken. Sie haben die Feindschaft der Gegner mithin nicht zu fürchten, sondern als Voraussetzung zur eigenen Daseinsberechtigung zu

---

[5] Eine Gesamtinterpretation des Erziehungswesens der SS muß – erstaunlicherweise bis heute leider als Desiderat der Forschung angesehen werden, obwohl wichtige Vorarbeiten dazu mittlerweile geleistet wurden. Den neuesten Stand der Forschung dürfte ein unlängst von Jürgen Matthäus, Konrad Kwiet, Jürgen Förster und Richard Breitman vorgelegter Band widerspiegeln: Ausbildungsziel Judenmord? „Weltanschauliche Erziehung" von SS, Polizei und Waffen-SS im Rahmen der „Endlösung". Frankfurt a.M. 2003. Der Band enthält neben einer Vielzahl weiterführender Literaturhinweise auch etliche erstmals publizierte Primärquellen zum Thema.

empfinden. Sie haben den Haß der Feinde unseres Volkstums und unserer Weltanschauung [...] nicht zu scheuen, sondern zu ersehnen."[6]
Der Nationalsozialist war also, wenn er seine Weltanschauung ernst nahm, seinem Wesen nach ein Kämpfer. Aus diesem Selbstverständnis heraus nannte er sich einen ‚Soldaten', oder genauer: einen ‚politischen Soldaten'. Soldatentum wird hier also nicht als militärischer Berufsstand begriffen, sondern als Charakterhaltung. Himmler selbst machte dies 1938 in einer Rede deutlich, als er über die Wachverbände der Konzentrationslager äußerte: „Sie sind – das ist nun einmal, glaube ich, unsere Eigenart – selbstverständlich zu einer Truppe geworden, aus Gefangenenwächtern zu Soldaten. Ich bin überzeugt, bei allem, was wir anfangen [...] werden wir früher oder später Soldaten. Das wird in der behördlichen Verwaltung so sein, das ist bei den Wachtruppen so gewesen und das ist bei der Staats- und Kriminalpolizei. Wir werden immer Soldaten, und zwar nicht Militärs, sondern Soldaten."[7]
‚Politischer Soldat' in diesem Sinne war also jeder nationalsozialistische Aktivist unabhängig von seinem Beruf. Der Soldat als Militärangehöriger war lediglich ein Spezialfall des politischen Soldaten.[8] Die Besonderheit des politischen im Unterschied zum militärischen Soldatentum wird noch deutlicher, wenn wir nach seiner gesellschaftlichen Rolle und nach seinem Feindbild fragen. Was den professionellen Militärangehörigen angeht, so ist die Sache klar: Er kämpft zu einem eindeutig definierten Zeitpunkt, nämlich im Krieg, mit militärischen Mitteln gegen einen in der Regel eindeutig definierten äußeren Gegner. Ganz anders der politische Soldat, dessen Prototyp der SS-Mann sein sollte: sein Feind war immer und überall gegenwärtig und mußte immer und überall bekämpft werden. Für ihn waren Marxismus und Demokratie, Christentum und Freimaurertum, ja selbst Homosexualität nichts anderes als die verschiedenen Gesichter ein und derselben universalen Bedrohung, deren

---

[6] Adolf Hitler, Mein Kampf. Zwei Bände in einem Band. Ungekürzte Ausgabe. München 1933, S. 386. Zur Interpretation vgl. auch Barbara Zehnpfennig, Hitlers Mein Kampf: eine Interpretation. München 2000, S. 162 f.
[7] Zit. nach: Heinrich Himmler. Geheimreden 1933 bis 1945 und andere Ansprachen, hrsg. von Bradley F. Smith und Agnes F. Peterson. Frankfurt a.M. (u.a.) 1974, S. 31f.
[8] Vgl. hierzu auch grundlegend Hans Buchheim, Befehl und Gehorsam, in: ders. (u.a.), Anatomie des SS-Staates. Olten/Freiburg 1965, Bd. 1.

Chiffre als „Urstoff alles Negativen"⁹ der Jude war. Für den SS-Mann als ‚politischen Soldaten' reduzierte sich also das normalerweise breit ausdifferenzierte Sympathiespektrum idealisiert auf ein einfaches bipolares Schema: Pro und contra, wir und die anderen, Freund und Feind. Ein solches Weltbild vertrug keine Differenzierungen; es unterschied nicht zwischen innerem und äußerem Feind, nicht zwischen Krieg und Frieden, nicht zwischen soldatischem und zivilem Leben. Da der Feind immer und überall gegenwärtig war, galt es, zu jeder Zeit und an jedem Ort zu kämpfen. Es überrascht darum nicht, wenn Himmler in seinen Kriegsreden (wie übrigens auch Hitler und andere NS-Größen) immer wieder die militärische Lage Deutschlands mit dem Kampf der NSDAP in der Weimarer Republik verglich.¹⁰ Es gab für ihn und für viele SS-Angehörige keinen grundsätzlichen Unterschied zwischen dem politischen und dem militärischen Kampf. Beides war derselbe Kampf gegen denselben Feind, ausgetragen nur mit verschiedenen Waffen und auf verschiedenen Schlachtfeldern; scheinbar harmlose Begriffe wie „Heimatfront" oder „kämpfende Wissenschaft" erhielten so eine spezifisch ideologische Aufladung. Dabei verstand sich die SS als die vom Schicksal dazu bestimmte Elite, diesen historischen Kampf auszufechten. Da es ihn in *allen* Bereichen von Staat und Gesellschaft zu führen galt, erstreckte sich auch der Führungsanspruch der SS grundsätzlich auf *alle* in Staat und Gesellschaft bedeutsamen Funktionen. Die SS verstand sich mithin auch nicht als eine reine Funktionselite, d. h. nicht als Organisation zur Erfüllung einer konkret definierbaren gesellschaftlichen Aufgabe (wie etwa Polizei oder Streitkräfte), sondern als eine *gesamtgesellschaftliche* Elite. Himmler gab diesem Anspruch Ausdruck, wenn er die SS bisweilen als „Ritterschaft" oder als „neuen Adel" bezeichnete.¹¹ Beide Begriffe bestätigen den gesamtgesellschaftlichen Charakter der von Himmler angestrebten Elite insofern, als sie auf geschichtliche Vorbilder rekurrieren, in denen soziale, politische und militärische Führungsfunktionen zu einer untrennbaren Einheit verschmolzen waren. Die Forderung nach dem „neuen Adel" illustriert zudem den Versuch der SS, den alten, auf

---

⁹ So Himmler in einer Rede vom 8.11.1938, zit. nach: Geheimreden, S. 37.
¹⁰ Siehe auch Wegner, Hitlers politische Soldaten, S. 68ff.
¹¹ Nachweise ebd., S. 55.

überkommenen Standesprivilegien basierenden Adel abzulösen und dessen soziokulturelle Führungsrolle zu übernehmen. Im Ordensgedanken der SS verkörperte sich mithin nicht die individuelle Gegenmoral einer Gruppe von Privatleuten, sondern ein historisches Programm: es sollte die Weltanschauung der zur Herrschaft Berufenen sein. Vor diesem Hintergrund erscheint auch die eingangs erwähnte organisatorische Vielfalt der SS lediglich als Widerspiegelung eines ungeteilten universalen Machtverständnisses. Zu Recht fürchtete Himmler freilich, daß der eine oder andere Zweig seines Imperiums sich verselbständigen könne.[12] Ein solcher Prozeß hätte in der Tat mehr bedeutet, als eine interessenpolitische Zersplitterung des SS-Systems. Himmlers gesamtgesellschaftlichem Eliteanspruch wäre damit der Boden entzogen worden und die SS in Gefahr geraten, in den Sumpf nationalsozialistischer Polykratie zurückzufallen, aus dem sie sich gerade zu erheben begonnen hatte.

Aufgabe des SS-Mannes als ‚politischer Soldat' war es, an dem Platz, an den er gestellt war, den Willen seines ‚Führers' – und damit zugleich den Willen der Geschichte bzw. der ‚Vorsehung' – kämpfend zu vollstrecken. Der Kompromißlosigkeit dieses Kampfes sollte dabei die Kompromißlosigkeit seiner Hingabe entsprechen. Die SS, so hieß es im Vortrag eines hohen Führers Anfang 1939, „ist niemals müde, sie ist niemals satt, sie legt ihre Waffen nie ab, sie ist immer im Dienst, immer bereit, feindliche Schläge zu parieren und wiederzuschlagen. Die SS kennt nur einen Feind, den Feind Deutschlands, sie kennt nur einen Freund, das deutsche Volk."[13]

Die bedingungslose Hingabe, der unbedingte, zur „Gefolgschaftstreue" stilisierte Gehorsam gegenüber dem ‚Führer', schloß dabei ausdrücklich die Bereitschaft ein, ‚den Tod zu geben und den Tod zu nehmen'; Tötungs- und

---

[12] In seiner Posener Rede vom 4.10.1943 sprach Himmler vom „ersten Schritt zum Ende", den eine Verselbständigung einzelner Funktionsbereiche der SS bedeuten würde: „‚...dann würde alles [...] in einer Generation und in kurzer Zeit in seine alte Bedeutungslosigkeit zurücksinken." Zit. nach Hans Buchheim, Die Höheren SS- und Polizeiführer, in: Vierteljahrshefte für Zeitgeschichte 11 (1963), S. 379f.
[13] SS-Gruppenführer Pancke, zit. nach Joseph Ackermann, Heinrich Himmler als Ideologe. Göttingen 1970, S. 156.

Sterbebereitschaft waren also einander komplementär.[14] „Wir sind zum Sterben für Deutschland geboren", – diese Parole der Hitlerjugend[15] galt wohl für keine andere NS-Organisation derart uneingeschränkt wie für die SS. Nirgendwo sonst wurden die seit dem Ersten Weltkrieg in Teilen des Bürgertums virulenten Sehnsüchte nach Selbstaufopferung ideologisch derart radikal überformt. Die zunächst nur propagierte, später dann im Einsatz der Waffen-SS auch tatsächlich dokumentierte eigene Todesbereitschaft[16] diente in diesem Zusammenhang gleichermaßen dazu, die systematische Tötung auch fremden Lebens zu legitimieren, als auch den eigenen Anspruch, Avantgarde der neuen Ordnung zu sein, zu untermauern.[17] Der hier erkennbar werdende ideologische Fundamentalismus rückt Himmlers Orden zweifellos in die Nähe moderner terroristischer Organisationen, ohne daß vergleichende Untersuchungen hierzu bislang über erste Ansätze hinausgekommen wären.[18]

II.

Fragen wir uns, mittels welcher Strategien Heinrich Himmler[19] seine Vision des ‚politischen Soldaten' in die Wirklichkeit umzusetzen suchte, so bieten seine

---

[14] Dieses Komplementärverhältnis wird in seiner legitimatorischen Bedeutung für die Massenverbrechen der SS auch in der neueren Forschung m.E. noch immer unterschätzt.

[15] So das Motto des ‚Hochland Lagers' der Hitlerjugend in Murnau 1934; vgl. Philip Baker. Youth led by Youth. Some Aspects of the Hitlerjugend. London 1989, Abb. S. 26.

[16] Dies gilt insbesondere für die Angehörigen der ‚klassischen', d. h. vor dem Kriege oder kurz nach Kriegsbeginn aufgestellten SS-Divisionen; vgl. näheres bei George H. Stein, Geschichte der Waffen-SS. Düsseldorf 1967.

[17] Ein vorzügliches Beispiel hierfür bietet die SS-Totenkopfdivision, deren Geschichte nunmehr auch in deutscher Sprache vorliegt: Charles W. Sydnor, jr., Soldaten des Todes. Die 3. SS-Division ‚Totenkopf' 1933-1945. Paderborn 2002.

[18] Als einen solchen Ansatz vgl. beispielhaft den von P. Timothy Bushnell (u.a.) herausgegebenen Tagungsband: State Organized Terror. The Case of Violent Internal Repression. Boulder/ San Francisco/ Oxford 1991.

[19] Erstaunlicherweise existiert bis heute keine dem Stand der Forschung adäquate Gesamtbiographie Himmlers. Von zentraler Bedeutung für dessen frühe Jahre ist Bradley F. Smith, Heinrich Himmler. A Nazi in the Making, 1900-1926. Stanford 1971, für seine Rolle im Kontext des Völkermords auch die – in ihrer Interpretation

Vorstellungen vom Werdegang eines SS-Führers erste Anhaltspunkte. Diese Vorstellungen waren spätestens seit 1934/35 voll entwickelt; demnach sollte die Laufbahn eines jeden hauptberuflichen SS-Führers mit einer militärischen Ausbildung bis zur Leutnantsreife beginnen, alsdann in eine breit gefächerte Einweisung in alle wesentlichen SS-Tätigkeitsbereiche übergehen, um sich erst danach auf einen bestimmten Funktionsbereich zu konzentrieren.[20] Die Ziele, die Himmler mit einer derartigen Laufbahnkonzeption verfolgte, liegen auf der Hand. Vor allem galt es, einen Typus des ‚politischen Soldaten' zu schaffen, in welchem sich die organisatorisch und funktional gegebene Ausdifferenzierung der SS (Allgemeine SS, Verfügungstruppe, Konzentrationslager, SD, Polizei) wieder aufhob, d. h. in dem die Einheit des Gesamtordens sich wiederfand. Weltanschauliche Schulung bzw. Erziehung[21] waren in diesem Zusammenhang entscheidende Instrumente der mentalen Standardisierung. Als bevorzugte Themen galten dabei, wie eine Anweisung des Rasse- und Siedlungshauptamtes vom Februar 1936 festlegte[22], „Blut und Boden", „Judentum, Freimaurerei, Bolschewismus", die „Geschichte des deutschen Volkes" sowie „Jahresablauf und Brauch, Totenehrung." Zweck der Schulung über diese und ähnliche Themen war nicht, wie dieselbe Dienststelle schon in einer früheren Richtlinie hervorgehoben hatte[23], „die Vermittlung reinen Wissens [...,] sondern die Erziehung der SS-Männer zu einer gefestigten weltanschaulichen Haltung auf nordisch-rassischer Grundlage. Die SS-Männer sollen nicht vom

---

nicht ganz unumstrittene – Studie von Richard Breitman, Der Architekt der „Endlösung". Himmler und die Vernichtung der europäischen Juden. Paderborn 1996. Knappe Überblicke zur personengeschichtlichen Quellen- und Literaturlage bieten auch Josef Ackermann, Heinrich Himmler – ‚Reichsführer-SS' (in: Die Braune Elite I. 22 biographische Skizzen, hrsg. Von Ronald Smelser und Rainer Zitelmann. Darmstadt 1989, S. 115-133) sowie Johannes Tuchel, Heinrich Himmler – Der Reichsführer-SS (in: Smelser/ Syring, Die SS, S. 234-253).
[20] Näheres bei Wegner, Hitlers politische Soldaten, S. 140ff.
[21] Die Begriffe „Schulung" und „Erziehung" wechselten im Laufe der Zeit mehrfach, wobei sich bezeichnenderweise auf Dauer der breitere und umfassendere Begriff der weltanschaulichen „Erziehung" durchsetzte.
[22] Anweisung des SS-RuSHA zur Durchführung der weltanschaulichen Schulung in der SS vom 17.2.1936, zit. nach: Matthäus (u.a.), Ausbildungsziel Judenmord?, S. 150 (Dok. 3).
[23] Die folgenden Zitate aus: Dienstanweisung des Chefs des Rasse- und Siedlungsamtes für die Schulungsleiter der SS vom 16. 10. 1934, zit. nach ebd., S. 143f. (Dok. 1).

Nationalsozialismus ‚wissen', sondern ihn ‚leben'." Dazu sei jede „Schulmeisterei und dozentenhaftes Anbringen von trockener Wissenschaft" zu vermeiden; vielmehr müssten die Verantwortlichen ihre Männer „am Herzen packen".

Es war genau dieses Selbstverständnis, welches Hitler noch während des Krieges hoffen ließ, die SS werde – eher als jede andere Gliederung der NS-Bewegung – in der Lage sein, ein Führerreservoir heranzubilden, „mit dem man in hundert Jahren das Ganze regieren kann, ohne sich groß überlegen zu müssen, wen man wo hinsetzt."[24] Voraussetzung hierfür war freilich die Einheitlichkeit der Erziehung in der SS; diesem Zweck dienten denn auch die scharfe Zentralisierung der weltanschaulichen Schulung (zunächst beim ‚SS-Rasse- und Siedlungshauptamt', ab 1938 beim ‚SS-Hauptamt')[25] ebenso wie die Bemühungen um eine einheitliche Disziplinar-, später auch Strafgerichtsbarkeit.[26] Im gleichen Sinne waren ursprünglich auch die SS-Junkerschulen (in Braunschweig und Bad Tölz) nicht allein für den militärischen Nachwuchs der SS-Verfügungstruppe und späteren Waffen-SS, sondern für den hauptamtlichen Führungsnachwuchs der *Gesamt*-SS konzipiert worden.[27] Mit Beginn des Krieges und dessen auch auf das Erziehungswesen

---

[24] Zit. nach: Adolf Hitler. Monologe im Führerhauptquartier, 1941-1944. Die Aufzeichnungen H. Heims, hrsg. von Werner Jochmann. Hamburg 1980, S. 127 (22.1.1942).

[25] Der Wandel des Schulungswesens der SS würde – über die wichtigen Beiträge von Breitman, Matthäus und Förster (alle in: Ausbildungsziel Judenmord?) hinaus - eine eingehendere wissenschaftliche Behandlung verdienen. Eine im vorliegenden Zusammenhang besonders aufschlußreiche Quelle sind dabei die – zeitweise von Himmler persönlich durchkorrigierten – „SS-Leithefte", in denen sich u. a. die Entwicklung der mit dem Prinzip politischen Soldatentums verknüpften Ideen sehr klar widerspiegelt.

[26] Zu letzterer vgl. neben Wegner, Hitlers politische Soldaten, S. 319-332 vor allem die unlängst erschienene juristische Dissertation von Bianca Vieregge, Die Gerichtsbarkeit einer ‚Elite'. Nationalsozialistische Rechtsprechung am Beispiel der SS- und Polizei-Gerichtsbarkeit. Baden-Baden 2002.

[27] Vgl. Wegner, Hitlers politische Soldaten, Kap. 11. Eine wissenschaftlichen Ansprüchen genügende Gesamtdarstellung der Junkerschulen liegt bislang noch nicht vor. Die stark apologetisch gefärbte Arbeit von Richard Schulze-Kossens, Militärischer Führernachwuchs der Waffen-SS. Die Junkerschulen. Osnabrück 1982, vermag diese Lücke nicht zu schließen, ist aber insofern aufschlußreich, als der

durchschlagenden Sachzwängen wurde das hier skizzierte Konzept freilich immer schwerer durchzuhalten und schließlich weitgehend hinfällig. Der dramatisch wachsende Bedarf der SS an Frontoffizieren[28] machte wiederholt Verkürzungen der Ausbildung und deren Abstellung auf ganz überwiegend militärische Inhalte unumgänglich.[29] Das Leitbild des SS-Mannes als ‚politischer Soldat' drohte sich, wenn nicht in der Theorie, so doch in der Praxis zunehmend aufzulösen.

Dieser aus Sicht der Reichsführung-SS gefährlichen Entwicklung suchte Himmler immer wieder durch persönliche Eingriffe und aus Einzelvorkommnissen abgeleitete Grundsatzentscheidungen gegenzusteuern. Seit jungen Jahren schon hatte er – selbst Sohn eines Prinzenerziehers[30] - pädagogische Ambitionen erkennen lassen[31] und sich bereits vor Kriegsbeginn auffallend oft als persönlicher Erzieher seiner SS-Männer geriert. Charakteristisch für seine Vorstellungen sind Ausführungen, die Himmler, anknüpfend an Bemerkungen über Möglichkeiten einer SS-gemäßen Grabpflege, im Jahre 1936 machte:
„Auch hier möchte ich eben [...], daß allmählich wieder ein Stil durchkommt. Denn jede Lebensäußerung von uns muß allmählich wirklich in unsere innere Art hineinpassen. Wie wir wohnen, wie unsere Möbel, wie unsere Sitten und Gebräuche sind, alles das muß Ausdruck unserer inneren Art sein. Wir müssen

---

Verfasser letzter Kommandeur der Junkerschule Bad Tölz war und eine für die jüngere Generation von Waffen-SS-Führern charakteristische Sichtweise erkennen läßt.

[28] Hervorgerufen wurde dieser Bedarf zum einen durch die alle Erwartungen übersteigenden Verluste der Waffen-SS, zum anderen durch deren unablässigen Ausbau. So vergrößerte sich das Führerkorps der bewaffneten SS in den Jahren von Anfang 1939 bis Mitte 1944 um etwa das Dreizehnfache (von ca. 1200 auf über 15700); vgl. Wegner, ebd. S. 210 (Tafel 8).

[29] Vgl. auch Jürgen Förster, Die weltanschauliche Erziehung in der Waffen-SS, in: Matthäus (u.a.), Ausbildungsziel Judenmord?, hier v.a. S. 107-113.

[30] Vater Gebhard Himmler war von 1893 bis 1997 Erzieher des Prinzen Heinrich von Bayern gewesen, der dann auch Namenspatron und Taufpate des im Jahre 1900 geborenen Heinrich Himmler wurde.

[31] Charakteristisch der Hinweis von Breitman („Gegner Nummer eins". Antisemitische Indoktrination in Himmlers Weltanschauung. In: Ausbildungsziel Judenmord?, S. 21), wonach Himmler schon 1927 (!) in seinem Exemplar von „Mein Kampf" an einschlägiger Stelle die Marginalie „Erziehung von SS und SA" notiert habe.

das machen, und zwar müssen wir in diesen ersten Jahren der Schutzstaffel den Grundstein dazu legen. Ich glaube, ich habe vor einem Jahr einmal gesagt: Ich möchte zehn Jahre des Lebens vor mir haben, in denen ich vom Schicksal nicht gestört werde. Diese Jahre brauchen wir noch. Ich glaube aber, wenn wir diese Zeit so ausnutzen, wie wir die hinter uns liegenden fünf Jahre ausgenutzt haben, daß dann die SS nicht eine Organisation ist, deren Angehörige schwarz eingekleidet sind, sondern sie ist bereits wieder ein Volk, ein Teil des Volkes geworden: Ein Orden mit seinen bestimmten Zuchtgesetzen, mit seiner bestimmten blutlichen Züchtung und mit seinen heiligen, unverletzlichen und in diesen 15 Jahren schon althergebrachten Sitten. Denn ich werde keine Sitte ins Leben rufen, die nicht irgendwie, davon können sie überzeugt sein, dem alten Recht und den alten Gesetzen jahrtausendelanger Vergangenheit entsprechen oder vor ihnen bestehen können."[32]

Die hier zitierten Sätze enthalten alle wesentlichen Elemente Himmlerscher Pädagogik. Da klingt zum einen die Vorstellung an, daß die Schaffung eines unverwechselbaren und dauerhaften SS-Korpsgeistes die zentrale Aufgabe der gegenwärtigen Führung sein müsse und nicht späteren Generationen überlassen bleiben dürfe. Wichtiger noch ist Himmlers Feststellung über den Zweck seiner Arbeit: Er möchte, daß „wieder ein Stil durchkommt", oder, wie er bei anderer Gelegenheit formulierte: „Wir müssen in Deutschland allmählich dazu kommen, daß man bestimmte Dinge tut und bestimmte Dinge nicht tut, daß sich der Volksgenosse selber erzieht."[33] Was sich hinter solch schlichten Worten verbarg, war die Überzeugung, daß das Verhalten eines SS-Mannes nicht – wie z.B. im traditionellen Beamtenapparat – durch ein Normengefüge von Gesetzen, Verordnungen und Dienstvorschriften determiniert und eingeengt werden dürfe, sondern von einer tief verinnerlichten weltanschaulichen Grundhaltung getragen sein müsse.[34] „Gefolgschaftstreue" nannte Himmler dies in Anlehnung an

---

[32] Rede Himmlers in Dachau vom 8.11.1936, zit. nach Ackermann, Himmler als Ideologe, S. 247 (Dok. 7).
[33] Rede Himmlers in der „Akademie für deutsches Recht', zit. nach Hans Frank (u. a.), Grundfragen der deutschen Polizei. Hamburg 1937, S. 15.
[34] Sehr bezeichnend Himmlers Ausführungen ebd., S. 14f.: „Was heißen hier Paragraphen? Was heißen hier Verordnungen? [...] Wenn ich auf irgendeine Art zum

germanische und mittelalterliche Vorbilder und suggerierte so eine Freiwilligkeit des Gehorsams, die indes nur die notwendige Kehrseite eines radikalen Geltungsanspruches war. Wo bedingungsloser Gehorsam bis hin zum Tode oder zur Befolgung verbrecherischer Befehle verlangt wurde, konnte ihn kein allgemeines Gesetz erzwingen, sondern eben nur freiwillige Selbstverpflichtung. Real war solche Freiwilligkeit aber allenfalls zu jenem Zeitpunkt gegeben, indem ein Mann sich zum Eintritt in die SS entschloß. Einmal in das Normengefüge des Ordens eingepaßt, gab es um den Preis von Austritt, Ausschluß oder gar Ausstoßung kaum mehr einen Spielraum freiwilliger Entscheidung.[35] Dies um so weniger, als die von Himmler immer wieder eingeforderte ‚Kameradschaftserziehung' vor allem die Funktion wechselseitiger weltanschaulicher Überwachung haben sollte: „Der Kamerad soll des Kameraden Erzieher sein, und wenn sich einer unwürdig benimmt, dann gehört er aus dieser Kameradschaft ausgestoßen. Und es wird die Aufgabe von Kameraden sein, wenn einer ganz unwürdig ist, dem dann zu sagen: Hier hast du die Pistole und nun mach du selbst Schluß."[36]

Die von Himmler favorisierte Erziehung zu einem freiwillig normenkonformen Verhalten hätte – wenn überhaupt – nur auf lange Sicht Erfolge zeigen können. In den wenigen Jahren aber, während derer die SS existierte, führte sie lediglich zu einer Vielzahl von Interventionen und korrigierenden Eingriffen in

---

Ziele komme, meinem Volk zu helfen, so ist dies Recht im tiefsten göttlichen und moralischen Sinne [...]."

[35] Daß dies in der Praxis durchaus anders aussehen konnte, läßt sich bezeichnenderweise gerade am Beispiel der Massenverbrechen der SS belegen: Die Verweigerung einer Mitwirkung zog für den Betroffenen offenbar in aller Regel keinerlei gravierende Konsequenzen nach sich; vgl. auch Buchheim, Befehl und Gehorsam, S. 346ff., Herbert Jäger, Verbrechen unter totalitärer Herrschaft. Studien zur nationalsozialistischen Gewaltkriminalität. Frankfurt a. M. 1982, hier v. a. S. 144-160, sowie zuletzt Konrad Kwiet, Von Tätern zu Befehlsempfängern. Legendenbildung und Strafverfolgung nach 1945, in: Matthäus (u.a.), Ausbildungsziel Judenmord?, S. 114-138.

[36] So Himmler in seiner Rede vom 26.7.1944 in Bitsch (Bundesarchiv: NS 19 H.R./21). Wenn die zitierte Äußerung ihre Emphase auch den gerade überstandenen Ereignissen des 20. Juli verdanken mochte, so drückt sie doch eine längst vorhandene Grundüberzeugung Himmlers aus; vgl. in diesem Sinne beispielhaft auch seine Rede vom 11.2.1938 (Geheimreden, S. 80).

Privatleben und Dienstbetrieb, durch die der bald schon als „Reichsheini" verspottete SS-Chef dem Erziehungsprozeß Richtung zu geben versuchte. Das geradezu chaotische Bild, das die zahllosen sich gegenseitig teils aufhebenden, teils ergänzenden Einzelbefehle, Erlasse und Anordnungen der Reichsführung-SS bieten, ist für den Himmlerschen Führungsstil denn auch durchaus charakteristisch. Die Beschränkung auf spontane ‚von Fall zu Fall'-Regelungen und der Verzicht auf die Erarbeitung einer in sich schlüssigen Gesamtkonzeption stärkten freilich die persönliche Stellung des Reichsführers ganz außerordentlich, da auf diese Weise sein subjektiver Entscheidungsspielraum durch keinerlei formalisierte Normen eingeengt war. Auch geriet die Atmosphäre latenter Rechtsunsicherheit, die so hervorgerufen wurde, Himmler sehr wohl zum Vorteil, bildeten doch in Ermangelung eines allgemein gültigen Konzepts seine Sanktionen die letztlich entscheidende Richtschnur für die Unterscheidung zwischen richtigem und falschem Handeln.

Wie sehr Willkür auf diese Weise zu einem SS-typischen Herrschaftsmittel nicht nur gegenüber tatsächlichen oder vermeintlichen Gegnern des Regimes, sondern auch in den eigenen Reihen wurde, mag ein Beispiel verdeutlichen. So etwa behielt Himmler sich bei allen Führerdienstgraden der SS bis Kriegsende die Erteilung von Heiratsbewilligungen persönlich vor. Dabei scheute er sich nicht, zur Durchsetzung seiner Prinzipien auch eine Entwürdigung einzelner SS-Angehöriger und ihrer Familien in Kauf zu nehmen.[37] So etwa ließ er Nachforschungen darüber anstellen, warum SS-Führer trotz fortgeschrittenen Alters nicht verheiratet waren, warum andere bislang nur ein Kind und wieder andere seit Jahren kein Kind mehr gezeugt hätten. In einigen Fällen veranlaßte er die betroffenen Führer gar zu schriftlichen Erklärungen über die Gründe ihrer Kinderarmut oder setzte Fristen innerhalb derer ein Führer ihm seine Verlobung zu melden habe. Eingriffe dieser und ähnlicher Art in Bereiche, die nach

---

[37] Einzelnachweise für die im folgenden genannten, meist aus Personalakten hoher SS-Führer stammenden Fallbeispiele finden sich bei Bernd Wegner, Das Führerkorps der bewaffneten SS 1933-1945: Studien zu Leitbild, Struktur und Funktion einer nationalsozialistischen Elite. Diss. phil. (unveröff.), Hamburg 1980, S. 356-358. Weitere, nur allzu oft skurrile Beispiele für Himmlers missionarischen Erziehungseifer bietet Helmut Heiber (Hrsg.), Reichsführer! Briefe an und von Himmler. Stuttgart 1968.

bürgerlichem Verständnis der Privatsphäre zuzurechnen sind, waren keineswegs auf Fragen von Heirat und Kinderzahl beschränkt. Zwar verzeichnen die Quellen hier einen gewissen Schwerpunkt der Erziehungsbemühungen, doch sollte, wie es in Himmlers schon zitierter Rede hieß, „jede Lebensäußerung [...] Ausdruck unserer inneren Art sein."[38] Es kann daher kaum überraschen, den Überwachungseifer Heinrich Himmlers auf alle Gebiete ausgedehnt zu sehen: er kontrollierte die Kirchenaustritte seiner Führer, beobachtete und kritisierte das Verhalten ihrer Ehefrauen und Anverwandten, gab Ratschläge für das Eheleben und eigenwillige Hilfestellungen zur Lösung zwischenmenschlicher Konflikte und versuchte, die Ernährungsgewohnheiten seiner Untergebenen ebenso wie deren Trinksitten zu regulieren. Daß durch derartige Praktiken jegliche Unterscheidung zwischen der dienstlichen und privaten Existenz des SS-Mannes aufgehoben wurde, war durchaus beabsichtigt und entsprach dem Selbstverständnis ‚politischen Soldatentums'. Der Anspruch der SS, ein ‚Sippenorden' zu sein, unterwarf darüber hinaus nicht nur die SS-Angehörigen selbst, sondern auch ihre Familien hinsichtlich aller Lebensäußerungen jenen Verhaltensnormen, als deren obersten Wächter sich Himmler selber sah.

In der Praxis, zumal unter den Bedingungen des Krieges, war dieser Anspruch freilich kaum aufrecht zu erhalten. Vor allem die rasante Ausdehnung der Waffen-SS und die Himmler zahlreich zuwachsenden neuen Funktionen[39] führten mit zunehmender Kriegsdauer zu einer immer stärkeren Überlastung des Reichsführers-SS und einer Reduktion seiner Rolle zur Galionsfigur. Als solche beschränkten sich seine persönlichen erzieherischen Maßnahmen immer häufiger auf allgemeine Appelle und punktuelle Eingriffe, ließen aber gerade darin, wie unsere Beispiele zeigten, die ungebrochenen Ambitionen Himmlers als Erzieher klar erkennen. Welches Verhalten einem SS-Führer angemessen,

---

[38] Vgl. Anm. 32.
[39] Bereits seit 1936 Chef nicht nur der SS, sondern auch der deutschen Polizei, wurde Himmler nach Kriegsbeginn zum ‚Reichskommissar für die Festigung deutschen Volkstums', 1943 überdies zum Reichsminister des Innern ernannt.1944 übernahm er vom Oberkommando der Wehrmacht die militärische Abwehr, den Aufbau der Volksgrenadierdivisionen und schließlich das gesamte Kriegsgefangenenwesen. Am 20. Juli 1944 bestellte ihn Hitler (als Nachfolger des ins Zwielicht geratenen Generaloberst Fromm) zum neuen Chef der Heeresrüstung und Befehlshaber des Ersatzheeres.

welches seiner unwürdig war, sollte sich im Zweifelsfall immer noch nach dem bestimmen, was der Reichsführer-SS kraft seiner persönlichen Stellung als „angemessen" bez. als „unwürdig" definierte. Das Verhältnis Himmlers zu seinen SS-Männern blieb also primär ein personales Gefolgschaftsverhältnis ohne nennenswerte traditionale Verankerung. Es dürfte nicht zuletzt diesem Umstand zuzuschreiben sein, daß mit Himmlers Selbstmord 1945 auch das SS-eigene Normensystem zerfiel.

III.

Im Gegensatz zum Titel eines bekannten Buches über die Geschichte der SS war Himmlers Orden keineswegs eine „Macht ohne Moral".[40] Sie verkörperte vielmehr eine der christlichen diametral entgegengesetzte ‚Gegenmoral', um deren Verankerung in der SS sich Himmler persönlich intensiv bemühte. Dieses Bemühen war insoweit erfolgreich, als es innerhalb der SS Destruktions- und Autodestruktionsenergien von zuvor ungeahntem Ausmaß freisetzte. Tausende von Männern, die meisten von ihnen ursprünglich bürgerlich sozialisiert, wurden zu Mördern, weitere Zehntausende zu Mittätern, Hunderttausende zu Mitwissern. In anderer Hinsicht hingegen erwies sich die Erziehung in der SS als weit weniger erfolgreich. Insbesondere scheiterte das von Himmler so stark forcierte Projekt einer mentalen Standardisierung seines Ordens. Mehr noch: je weiter der Krieg voranschritt, desto weniger konnte von einer Einheit der SS die Rede sein. Die kriegsbedingte Dynamik im Ausbau vor allem der Waffen-SS verwischte die Konturen des Schwarzen Ordens immer mehr. Konsequenterweise sah Himmler in der Rekonsolidierung der Fundamente seines Imperiums dann auch seine wichtigste Aufgabe für die Nachkriegszeit.[41] Die – wie wir heute wissen – schon längst unausweichliche Niederlage Deutschlands ließ solche Planungen freilich schon bald Makulatur werden. Die radikalste Formation der NS-Bewegung erfuhr im Zuge der allgemeinen Radikalisierung der Kriegführung vor dem Untergang des Reiches zwar noch

---

[40] Reimund Schnabel, Macht ohne Moral. Eine Dokumentation über die SS. Frankfurt a. M. 1957.
[41] Vgl. Wegner, Politische Soldaten, S. 304ff.

einmal einen kolossalen Zuwachs an Macht, verschwand – von einzelnen Netzwerken ‚alter Kameraden' abgesehen[42] – nach dem 8. Mai 1945 indes ebenso sang- und klanglos von der Bühne der Geschichte wie ihr Begründer selbst.

Literaturverzeichnis

Ackermann, J.: Heinrich Himmler als Ideologe. Göttingen 1970.

Ackermann, J.: Heinrich Himmler – ‚Reichsführer-SS'. In: Smelser, R./Zitelmann, R. (Hrsg): Die Braune Elite I. 22 biographische Skizzen. Darmstadt 1989, S. 115-133.

Baker, P.: Youth led by Youth. Some Aspects of the Hitlerjugend. London 1989.

Banach, J.: Heydrichs Elite. Das Führerkorps der Sicherheitspolizei und des SD 1936-1945. Paderborn 1998.

Boehnert, G. C.: A sociography of the SS officer corps. 1925-1939. London 1977.

Breitman, R.: Der Architekt der „Endlösung". Himmler und die Vernichtung der europäischen Juden. Paderborn 1996.

Buchheim, H.: Befehl und Gehorsam. In Buchheim, H.(u.a.): Anatomie des SS-Staates. Bd. 1. Olten/Freiburg 1965.

---

[42] Das institutionell bedeutendste dieser Netzwerke wurde die „Hilfsgemeinschaft auf Gegenseitigkeit" (HiaG) ehemaliger Angehöriger der Waffen-SS; vgl. dazu David C. Large, Reckoning without the Past: the HIAG of the Waffen-SS and the Politics of Rehabilitation in the Bonn Republic, 1950-1961, in: Journal of Modern History 59 (1987), S. 79-113.

Buchheim, H.: Die Höheren SS- und Polizeiführer. In: Vierteljahrshefte für Zeitgeschichte 11 (1963), S. 379f.

Bushnell, P. T. (u.a.) (Hrsg.): State Organized Terror. The Case of Violent Internal Repression. Boulder, San Francisco, Oxford 1991.

Frank, H. (u.a.): Grundfragen der deutschen Polizei. Hamburg 1937.

Jäger, H.: Verbrechen unter totalitärer Herrschaft. Studien zur nationalsozialistischen Gewaltkriminalität. Frankfurt a. M. 1982.

Heiber, H. (Hrsg.), Reichsführer! Briefe an und von Himmler. Stuttgart 1968.

Hitler, A.: Mein Kampf. Ungekürzte Ausgabe. München 1933.

Hitler, A.: Monologe im Führerhauptquartier. 1941-1944. Die Aufzeichnungen H. Heims. Jochmann, W. (Hrsg.). Hamburg 1980.

Himmler, H.: Geheimreden 1933 bis 1945 und andere Ansprachen. Smith, B. F./Peterson, A. F. (Hrsg). Frankfurt a.M. (u.a.) 1974.

Hüttenberger, P.: Nationalsozialistische Polykratie. In: Geschichte und Gesellschaft 2 (1976), S. 417-442.

Koehl, R. L.: The Black Corps. The Structure and Power Struggles of the Nazi SS. Madison 1983.

Kogon, E.: Der SS-Staat. Das System der deutschen Konzentrationslager. Berlin 1947.

Large, D. C.: Reckoning without the Past: the HIAG of the Waffen-SS and the Politics of Rehabilitation in the Bonn Republic. 1950-1961. In: Journal of Modern History 59 (1987), S. 79-113.

Matthäus, J./Kwiet, K./Förster, J./Breitman, R.: Ausbildungsziel Judenmord? "Weltanschauliche Erziehung" von SS, Polizei und Waffen-SS im Rahmen der "Endlösung". Frankfurt a.M. 2003.

Orth, K.: Die Konzentrationslager-SS: sozialstrukturelle Analysen und biographische Studien. Göttingen 2000.

Schnabel, R.: Macht ohne Moral. Eine Dokumentation über die SS. Frankfurt a.M. 1957.

Schulze-Kossens, R.: Militärischer Führernachwuchs der Waffen-SS. Die Junkerschulen. Osnabrück 1982.

Smelser, R./Syring, E. (Hrsg.): Die SS. Elite unter dem Totenkopf. 30 Lebensläufe. Paderborn 2000.

Smith, B. F.: Heinrich Himmler. A Nazi in the Making. 1900-1926. Stanford 1971.

Stein, G. H.: Geschichte der Waffen-SS. Düsseldorf 1967.

Sydnor, C. W. jr.: Soldaten des Todes. Die 3. SS-Division ‚Totenkopf' 1933-1945. Paderborn 2002.

Tuchel, J.: Heinrich Himmler – Der Reichsführer-SS. In: Smelser, R./ Syring: Die SS, S. 234-253.

Vieregge, B.: Die Gerichtsbarkeit einer ‚Elite'. Nationalsozialistische Rechtsprechung am Beispiel der SS- und Polizei-Gerichtsbarkeit. Baden-Baden 2002.

Wegner, B.: Das Führerkorps der bewaffneten SS 1933-1945: Studien zu Leitbild, Struktur und Funktion einer nationalsozialistischen Elite. Diss. phil. (unveröff.), Hamburg 1980.

Wegner, B.: Hitlers Politische Soldaten: die Waffen-SS 1933-1945. Paderborn 1999[6].

Wildt, M.: Generation des Unbedingten: das Führungskorps des Reichssicherheitshauptamtes. Hamburg 2002.

Zehnpfennig, B.: Hitlers Mein Kampf: eine Interpretation. München 2000.

Ziegler, H. F.: Nazi Germany's New Aristocracy: The SS Leadership. 1925-1939. Princeton 1990.

Anja-Silvia Göing

"Grosse Worte": Instrumentalisierung von kulturellen Werten bei Eduard Spranger

1925 legte Siegfried Bernfeld seinem Unterrichtsminister Machiavell im Buch "Sisyphos oder die Grenzen der Erziehung" folgende Gesellschaftssatire in den Mund[1]: "Ich werde versuchen, jeden Unterricht in diesen [bürgerlichen] Schulen abzuschaffen, doch sehe ich, dass wir eine Übergangszeit nötig haben. Für sie gilt: Unter Berücksichtigung des Prinzips der Jugendgemäßheit aller Erziehung ist die Pubertät, die idealistische Lebenszeit kat exochen, mit großen Worten zu füllen. Als solche werde ich vorschreiben: Vaterland – Kultur – Nation – Kultur – Wissenschaft – Kunst – Kultur – Volk – Rasse – Kultur."

Implizit macht Bernfeld hier auf eine Sinnentleerung und Instrumentalisierung von kulturellen Werten aufmerksam, indem er das Wissen um Kultur als "große Worte" kennzeichnet, die den Zweck haben, der Jugend eine feste Ideologie des bürgerlichen Besitzstandes zu geben, um sie in die "Annehmlichkeiten" des bürgerlichen Lebens gegenüber dem proletarischen Leben einzuführen und sie dieses perpetuieren zu lassen. Die vermittelten Kulturworte ohne bildenden Inhalt erfüllen diesen Zweck in Bernfelds Satire nur in einer Übergangszeit bis zu dem Moment, wo die bürgerlichen Schulen endlich das reine Nichtwissen, die pure Ignoranz unterrichten können, d.h. wo es gar keinen Unterricht mehr gibt. In dieser Übergangszeit sollen die Lehrer die großen Traditionen kultureller Wertschöpfungen als Quellen des Fortschritts lehren und sich hierbei vor allem auf die klassischen Autoren und Dichter des 19. Jahrhunderts berufen.

Das angesprochene Problem soll hier nicht nur als Polemik Bernfelds aus marxistisch – freudianischer Perspektive auf das kapitalistisch-bürgerliche System

---

[1] Bernfeld, Siegfried: Sisyphos oder die Grenzen der Erziehung. Leipzig, Wien, Zürich: Internationaler Psychoanalytischer Verlag 1925. Hier wird die folgende Ausgabe zitiert: Frankfurt a. M.: Suhrkamp 1973 (Suhrkamp Taschenbuch Wissenschaft. 37), S. 98-106; zitiert S. 101.

gedeutet werden.² Natürlich ist die marxistische geschichtsphilosophische Metaphysik bzw. der darin enthaltene ökonomische Determinismus, von dem sich eine Interpretation des Werks Bernfelds offenbar nicht vollständig befreien lässt, heute nicht mehr als ein ernst zu nehmendes Paradigma zu verstehen. Aber mich interessiert im Folgenden der Gedanke, was passiert, wenn begriffsähnliche Konstruktionen von der sozialen Praxis abgeschnitten werden. Die These lautet, dass Begriffe zu Leerformeln³ werden, wenn ihre Konnotationen an der sozialen Praxis nicht reflektiert, sondern vielmehr von den Praxiszusammenhängen abgeschnitten werden. Damit wird eine Instrumentalisierung der Aussagen in andere Kontexte hinein ermöglicht. Die These soll am Beispiel einer Analyse des Aufsatzes „Von der ewigen Renaissance" in Eduard Sprangers Sammelband „Kultur und Erziehung"⁴ diskutiert werden.

---

² Lohmann, Ingrid: Siegfried Bernfeld: Sisyphos oder die Grenzen der Erziehung. Der geheime Zweifel der Pädagogik. In: Horn, Klaus-Peter; Ritzi, Christian: Klassiker und Aussenseiter. Pädagogische Veröffentlichungen des 20. Jahrhunderts. Hohengehren: Schneider Verlag 2001, S. 51-63 gibt einen Forschungsüberblick aus pädagogischer Sicht. Zu den marxistischen und freudianischen Denkfiguren vgl. Wolfrum, Verena: Anspruch und Wirklichkeit im Werk von Siegfried Bernfeld anhand von ausgewählten Schriften aus den Jahren 1912 – 1933. Würzburg: Königshausen und Neumann 1983 (Unipress, Reihe Pädagogik. 4), S. 157-190.
³ Vgl. zur Genese „pseudo-normativer Leerformeln": Topitsch, Ernst: Vom Ursprung und Ende der Metaphysik. Eine Studie zur Weltanschauungskritik. Wien: Springer - Verlag 1958, S. 284.
⁴ Spranger, Eduard: Von der ewigen Renaissance. In: Spranger, Eduard: Kultur und Erziehung. Gesammelte pädagogische Aufsätze. 2. Aufl., Leipzig: Quelle und Meyer 1923, S. 229 – 251. Diese zweite Auflage enthält einen geschichtlichen und einen sachlichen Teil. Der geschichtliche Teil umfasst die Titel „Hauptströmungen der Pädagogik vom Altertum bis zur Gegenwart; Luther; Comenius (Ein Mann der Sehnsucht); Jean Jacques Rousseau; Hölderlin und das deutsche Nationalbewusstsein; Die drei Motive der Schulreform". Der sachliche Teil enthält die Titel: „Die Bedeutung der wissenschaftlichen Pädagogik für das Volksleben; Grundlegende Bildung, Berufsbildung, Allgemeinbildung; Das Problem des Aufstieges; Die Erziehung der Frau zur Erzieherin; Eros; Von der ewigen Renaissance."
Aufgrund der zeitlichen Nähe zu Bernfelds Werk wird hier die zweite Auflage zitiert. Erwähnt sei, dass eine modifizierte Ausgabe der vierten Auflage kürzlich erschienen ist: Spranger, Eduard: Kultur und Erziehung. Gesammelte pädagogische Aufsätze. Hrsg. und mit Nachwort versehen von Birgit Ofenbach. Darmstadt: Wissenschaftliche Buchgesellschaft 2002.

Struktur der instrumentalisierenden Topos-Bildung im Bereich "bürgerlicher" Bildungstheorie

Zunächst soll anhand des Buches „Sisyphos oder die Grenzen der Erziehung" von Siegfried Bernfeld, dem das obige Zitat entnommen ist, geprüft werden, wie Bernfelds Kritik an der Übernahme idealistischer Traditionen des 19. Jahrhunderts argumentativ strukturiert ist. Es soll vor allem das ‚Ökonomische mit seinem brutalen Eigenweg'[5] als Grundlage für die Interpretation gewählt werden, die damit in eine ganz andere Richtung weist als etwa Deweys Kritik am Idealismus im 7. Kapitel von „Democracy and Education" (1916)[6], der den mangelnden Pluralismus angreift. In Anlehnung an marxistische Vorlagen wird dem Ökonomischen bei Bernfeld Gesellschaft, Politik und Kultur als Überbau beigegeben.

Bernfeld erklärt[7], dass die Pädagogik „ein Werkzeug der Tendenz unserer heutigen Erziehung [ist]." Sie sei „demnach ein Teil der Mittel, vermöge derer die Erziehung ihre soziale Funktion erfüllt". Nach Bernfeld gibt die Pädagogik den „Tendenz-Maßnahmen" der Erziehung „die ideologische Rechtfertigung". ... Er moniert, dass[8] die „pädagogische Literatur, die ich so im Laufe von 15 Jahren gelesen und geblättert habe" sich nicht „um die Dynamik der erzieherischen Prozesse in der Gesellschaft, um den Weg des erzieherischen Fortschritts, der Mutationen auf dem Gebiet der Erziehung" kümmern würde. Obwohl nach

---

[5] Bernfeld 1973, S. 117.
[6] Dewey, John: The Middle Works, 1899-1924. Vol. 9: Democracy and Education 1916, Hrsg.: Jo Ann Boydston. Carbondale, Edwardsvill: Southern Illinois University Press 1985, S. 87-106. Es handelt sich um eine photomechanische Reproduktion der Originalausgabe von 1916. Zur Erziehungsphilosophie Deweys vgl. Oelkers, Jürgen: Democracy and Education: About the Future of a Problem. In: Oelkers, Jürgen; Rhyn, Heinz: Dewey and European Education. General Problems and Case Studies. Dordrecht, Boston, London: Kluwer Academic Publishers 2000 (Reprint from Studies in Philosophy and Education, Volume 19, Nos. 1-2, 2000), S. 3-19. Oelkers, Jürgen: John Deweys Philosophie der Erziehung: Eine theoriegeschichtliche Analyse. In: Joas, Hans (Hrsg.): Philosophie der Demokratie. Beiträge zum Werk von John Dewey. Frankfurt a. M. 2000, S. 280-315. Einen Forschungsüberblick gibt: Prondczynsky, Andreas von: John Dewey: Demokratie und Erziehung. In: Horn/ Ritzi (Hrsg.) 2001, S. 65-86.
[7] Bernfeld 1973, S. 113.

seiner Meinung zwei „Kräftegruppen" für den Fortschritt in der Erziehung und der Erziehungsorganisation zuständig sind, die psychologischen und die sozialen, so gehört die idealistisch argumentierende Pädagogik, die sich eben nicht mit diesen Kräftegruppen auseinandersetzt, in einen anderen Kontext: Es handelt sich um den Kontext der Wirtschaft, zu deren (marxistischen Denkmustern angelehnten) Überbau sie gehört[9]: „Indessen geht die Wirtschaft in ihrem Überbau: Gesellschaft, Politik und Kultur, ihren brutalen Eigenweg und die Menschheit findet sich als ihren Gefangenen in der Barbarei einer hochzivilisierten kapitalistischen Epoche, unsicher, wo die Ausgänge ins Freie, sicher aber, dass sie diesen langen Opfer- und Marterweg gänzlich ohne Gewinn und Sinn getrieben wurde." Dies geschieht nach seiner Meinung „gesellschaftlich [...] als Konsequenz der Wirtschaftsweise, der Machtverhältnisse und der Klassenkämpfe." Er moniert, dass „kein Raum für Wirkungen der psychischen Reaktion in der Gestaltung der Erziehung" vorhanden sei, da sie „restlos ökonomisch bestimmt" scheint. Die Erziehung sei bürgerlich, so führt er aus[10], da sie Geld brauche; „und das Geld hat das Bürgertum". Um Erziehung also zu ändern, müsse man die „ökonomisch soziale Struktur der Gesellschaft" ändern, da sie den Rahmen für die „Reaktion der Gesellschaft die Entwicklungstatsache", wie er Erziehung formuliert, abgibt.

Nun soll das Vorgehen Bernfelds verglichen werden mit anderer pädagogischer Theorienbildung, um herauszufinden, ob seine im Anfang genannte Polemik, die er mit den aufgeführten theoretischen Überlegungen stützt, berechtigt ist. Um einen einigermaßen vergleichbaren Text zu finden, so wurde das Werk der Autoren gesichtet, die in dieser Zeit der Blüte der Weimarer Republik erziehungspolitisch aktiv waren. Die Wahl fiel aufgrund ähnlicher Leitmotivik[11] auf die Schrift Eduard Sprangers "Von der ewigen Renaissance", die im Deutschen Philologenblatt, 25, 1916 das erste Mal erschienen ist und dann mit anderen Artikeln Sprangers in seiner Sammlung "Kultur und Erziehung" ab der 1. Auf-

---

[8] Bernfeld 1973, S. 116.
[9] Bernfeld 1973, S. 117.
[10] Bernfeld 1973, S. 118.
[11] Vgl. Lohmann 2001, S. 55.

lage 1919¹² wiedergegeben wurde. Die Sammlung erreichte in stets leicht veränderter Zusammenstellung eine 4. Auflage 1928. Der Vergleich soll sich auf die Rolle von Ökonomie und Kultur und deren Verbindung beziehen. Bernfelds Argument war, dass die idealistische Kultur ohne Eigenwert dargestellt wird. Sie kann nicht verändern, passt sich nur der Wirtschaft an. Dadurch wird sie zum „großen Wort" und ist letztlich einer anderen als der angegebenen Intention, unabhängig bildend zu wirken, dienlich.

Zunächst soll gezeigt werden, dass Sprangers Aufsatz fast alle von Bernfeld polemisch dargestellten Forderungen des Bildungsministers Machiavell enthält und diese in ein vollständig anderes Bildungsziel münden lässt, welches als alleinig der Argumentation folgerecht zugehörig dargestellt wird. Dieses Bildungsziel der Jugend in der Pubertät ist nach Spranger die Individualität, die im dialektischen Zusammenhang von „Selbst" oder „Ich" und Welt geübt und verfeinert wird.¹³ Sie wird hervorgerufen und entwickelt durch die Aufnahmefähigkeit und Ausdruckswilligkeit der (pubertierenden¹⁴) menschlichen Seele.¹⁵ Die bildenden Weltinhalte, die letztlich „Träger und Symbole einer Innerlichkeit werden", die wiederum durch Sprache ausgedrückt werden soll¹⁶, finden sich wieder in „Wissenschaft und Kunst, Staatsleben und Gemeinschaft, Arbeitswelt

---

¹² Spranger, Eduard: Von der ewigen Renaissance. In: Ders.: Kultur und Erziehung. Gesammelte pädagogische Aufsätze. Leipzig. Quelle & Meyer 1919, S. 132-151.
¹³ Spranger 1923, S. 233-234.
¹⁴ Fend, Helmut: Entwicklungspsychologie der Adoleszenz in der Moderne, Bd. 3: Die Entdeckung des Selbst und die Verarbeitung der Pubertät. Bern, Göttingen, Toronto, Seattle: Huber 1994, S. 177-178 beschreibt die Theorien zur Adoleszenz von Charlotte Bühler (1922), Eduard Spranger (1924) und William Stern (1925) als „ersten umfassenden Ansatz für das Verständnis dieser Lebensphase". Die drei Autoren beschreiben eine systematische Abfolge von Phasen eines Entwicklungsprozesses, in welchem die Pubertät als Vorbereitung auf eine höhere Reife mit besonderer Charakteristik ausgestattet ist. Fend beschreibt die Phase als „Freisetzung des Individuums aus lokalen, familialen, ständischen und religiösen Bindungen." S. 200 erweitert er seinen Begriff um die Aussage, im Anschluss an Spranger „erreichen die Versuche, ein konsistentes Verständnis der eigenen Person und ihrer Stellung in der Welt aufzubauen, in der Jugendphase einen Höhepunkt". Beide Aussagen, die einer Analyse von Sprangers Buch „Psychologie des Jugendalters. Heidelberg 1924" zu verdanken sind, werden durch den hier besprochenen Text bestätigt.
¹⁵ Spranger 1923, S. 233-247.
¹⁶ Spranger 1923, S. 235.

und Religion"[17]. An anderer Stelle bezeichnet Spranger die „neuen Welten, in denen der Heranreifende sich ansiedeln will", analog als „Wirtschaft und Wissen, ästhetisches Leben und Religion, Sympathie und Macht".[18] Der Ausdruck der Individualität in Sprache soll in einem nächsten Schritt bei dem jungen Menschen zum Verstehen gereift werden, denn „verstehen kann man nur, was man irgendwie schon dunkel in sich trägt".[19]

Der Bildungsprozess, der dem angedeuteten Ziel vorausliegt, soll in der Beschäftigung mit „Kultur" gesucht werden, da sich alle Kulturarbeit „unter dem Gesichtspunkt des Ausdrucks fassen" lässt.[20] Sie ist nach Spranger „Ausdruck von Seele, von ihrem einsamen Erleben und ihrem Emporringen zum Geistigen. Je mehr Seele, desto mehr Ausdruck." Diese Idee der Seele verbindet Spranger mit dem Wert der Individualität, indem er parallel zum Vorgehenden anführt, dass ein Anwachsen der Individualität den „Drang nach verbindenden Werken und Symbolen" vergrößert.[21] Dementsprechend wird sich das Leben des Erwachsenen in einer doppelten Bewegung vollziehen[22]: „es will die Welt in sich hineinnehmen und in ‚Selbst'besessenes verwandeln; und es will das Selbst den Weltinhalten aufprägen, sie zum Ausdruck einer Innerlichkeit umschaffen." Der „Ausdruck" nach außen und die Schaffung einer Einheit nach innen sind die beiden gestaltenden Momente, denen sich der Mensch – aufbauend auf die genannten Vorübungen im Jugendalter – dann als Erwachsener widmen wird.[23]

Ökonomische Gesichtspunkte als Teil der Lebensbereiche, auf die der kulturelle Ausdruck fällt[24], werden bei Spranger an drei Stellen differenziert:[25] Zunächst

---

[17] Spranger 1923, S. 250.
[18] Spranger 1923, S. 237.
[19] Spranger 1923, S. 248.
[20] Spranger 1923, S. 231.
[21] Spranger 1923, S. 231.
[22] Spranger 1923, S. 233.
[23] Spranger 1923, S. 233.
[24] Vgl. Bellmann, Johannes: Die Konstruktion des Ökonomischen bei Eduard Spranger und Theodor Litt. In: Zeitschrift für Pädagogik 45, 1999, Nr. 2, S. 261-279. Bellmann analysiert (S. 263) das Ökonomische in der Rangordnung der Werte in Schriften Sprangers von 1914/1966 und 1954: Der „homo oeconomicus" bleibt der „Sphäre des Leiblich-Materiellen verhaftet" und steht daher in der Rangordnung der Werte sehr tief.

geht es ihm darum, den Handwerker zu charakterisieren als denjenigen, der sein Erzeugnis liebt, da nach seiner Meinung nicht nur der Kampf ums Dasein, sondern auch der Schaffenswille, der eine Wertbeziehung zum eigenen Wesen herstellt, das wirtschaftliche Streben fördert. Neben diesem „Drang nach ökonomischer Selbständigkeit" wird der „Wille zur Erkenntnis" erörtert, dem letztlich der wichtigere Bildungsfaktor – Erkenntnis über Sprache - zugesprochen wird. Hier wird der Leser bereits darauf vorbereitet, dass unterschiedliche Berufszweige unterschiedlichen Anteil an „Bildung über Individuation" haben. An einer zweiten Stelle[26] beschreibt Spranger, dass „der junge Mensch der unvermögenden Volksschichten" gerne erwerben will und daher weit früher als der Jugendliche der oberen Volksschichten[27] die Arbeitswelt betritt. Spranger empfiehlt, beiden Schichtzugehörigen Gegengewichte in der Ausbildung zu legen, damit ganze Menschen, nicht bloße Literaten oder bloße Erwerbsleute entstehen.[28] Gleichzeitig gesteht Spranger in einem längeren Nachsatz jedoch, dass die Veredlung der bereits durch die Schichtzugehörigkeit vorgegebenen Ansätze weit wichtiger sei als das Gegengewicht, und den entscheidenden „Hebel" der Ausbildung bilden solle. Eine Veränderung der Gesellschaft durch Erziehung oder Ausbildung kommt nach seiner Meinung also nicht in Frage, nur eine Veredelung und Vertiefung des Bestehenden wird beabsichtigt. Die dritte Differenzierung des Ökonomischen besteht darin[29], die Ausdehnung der Pubertätszeit zu beschreiben. Spranger stellt fest, dass es fast so scheint, „als ob sie in der Gegenwart und besonders in den Oberschichten der Gesellschaft sich jetzt viel länger hinzöge als früher." Dies wird von ihm nicht positiv vermerkt, er beschreibt die Merkmale u.a. als „das Dilettieren auf Gebieten, in denen die Lebensbestimmung entschieden nicht liegt."

Am höchsten werden die religiösen Werte angesehen. Bellmann geht nicht auf die hier dargestellten Inkonsequenzen in der Argumentation Sprangers ein.
Sprangers Wertbegriff und Wertsystem wird ausführlich diskutiert in: Waschulewski, Ute: Die Wertpsychologie Eduard Sprangers. Eine Untersuchung zur Aktualität der ‚Lebensformen'. Münster, New York, München, Berlin: Waxmann 2002. (Texte zur Sozialpsychologie. 8) S. 18-68. Auch sie ordnet die ökonomischen Werte in der Rangfolge an die letzte Stelle (S. 32).
[25] Spranger 1923, S. 234-235.
[26] Spranger 1923, S. 240.
[27] Spranger 1923, S. 247.
[28] Spranger 1923, S. 240-241.

Ein knapper Vergleich mit dem Eingangszitat Bernfelds zeigt, dass auch bei Spranger die Zeit der Pubertät als idealistische Lebenszeit gedeutet wird. Spranger spricht von einer „eigentümlichen Geistigkeit dieses Lebensalters"[30]. Tatsächlich leitet Spranger aus dieser Beobachtung ab, ebenso wie Bernfeld dies polemisiert, dass dem subjektiven Ausdruck, dem sich der Jugendliche nun widmen wird, und der nach Sprache verlangt, auf der anderen Seite die kulturelle Symbolik antworten soll. Die „großen Worte", die Bernfeld nun aufführt und die im skandierenden Rhythmus und das Wort Kultur kreisen, werden zu einem großen Teil - ohne „Rasse" und „Vaterland" - als Wertkategorien bei Spranger aufgeführt. Spranger führt jedoch - anders als Bernfeld - die Wirtschaft bzw. synonym verwendet das Arbeitsleben als gleichberechtigte Kategorie neben Wissenschaft, Kunst, Staatsleben etc. an. Die Funktion der Wirtschaft ist bei Bernfeld eine völlig andere und verweist auf ständische Machtfaktoren innerhalb der Gesellschaft. Indem er die großen Worte der Kultur den wirtschaftlich besser Gestellten zuordnet, bekommt das „Arbeitsleben" eine Außenseiterposition, wird abgegrenzt. Mit der Bestimmung der Kulturwerte als Einführung in ein bürgerliches Leben, das einem anderen Zweck, nämlich der Bewahrung von Annehmlichkeiten dienen soll, wird das Erlernen von Kultur um der Kultur willen als inhaltsleer entlarvt. Mit der Betonung der wirtschaftlichen Komponente wird das Reden um Kultur für die „Bildung" des Einzelnen irrelevant. Damit kritisiert und verwirft er erziehungstheoretische Ansätze wie jenen oben beschriebenen Ansatz Sprangers, der Bildung über Individualisierung aufbaut, die auf Kultur und sprachlichem Selbstausdruck basiert. Bernfeld wendet sich gegen solche erziehungstheoretischen Bemühungen, indem er in polemisierender Weise die Idee vertritt, dass ein vorhandenes ungerechtes Gesellschaftssystem durch eine solche idealistische Erziehung perpetuiert wird, ohne dass die Jugendlichen tatsächlich etwas lernen sollen. Durch diese Art von kultureller Ausbildung in den Schulen würden sie allein in eine bestimmte Lebensform eingeführt, die sie im fortschreitenden Alter aufgrund von Gewohnheit nicht mehr verlassen werden.

---

[29] Spranger 1923, S. 247.

Nun soll gefragt werden, ob Spranger selbst durch sein hermeneutisches Verfahren eine solche Deutung des Textes möglich machen könnte, so dass hier nicht nur eine Kritik von außen, von einem marxistisch argumentierenden System her, sondern auch von innen, vom Textverständnis her, möglich wird. Er macht einen Denkfehler an einer ganz entscheidenden Stelle: Individuation ist für ihn so lange sinnvoll, wie die Stände und Schichten innerhalb der Gesellschaft gewahrt bleiben. Dadurch gibt er den sich heranbildenden Individuen nicht die gleichen Chancen für die individuelle Bildung, sondern bewahrt, ohne zu reflektieren, die alte Ordnung. Es ergibt sich durchaus eine ambivalente Lesart seines Textes, die auf der einen Seite seiner eigenen Argumentation folgt und ein bestimmtes Bildungsziel vor Augen gestellt bekommt, und die auf der anderen Seite eine gesellschaftsrelevante Intention (der Bewahrung) feststellt, die der Autor äußert, ohne sie in das Bildungsziel sinnvoll integrieren zu können. Mit dieser Doppeldeutigkeit verlieren auch die dargestellten kulturellen Werte, die ja über Sprache die Inhalte der Ausbildung bilden sollen, ihre eindeutige Zuordnung. Es wird deutlich, dass sie trotz der beschworenen Größe ihrer Tradition eine gewisse Instrumentalisierbarkeit in Bezug auf die bürgerliche Besitzstandwahrung haben. Ob man sie mit Bernfeld nun als „Große Worte", Topoi[31] oder Pathosformeln abtun möchte, hängt mit der Bedeutung zusammen, die den gesellschaftlichen Grundlagen auf der einen Seite und dem hermeneutischen Denkfehler Sprangers auf der anderen Seite für die Argumentation zugemessen wird.

Ohne dem argumentativen Gehalt anderer Pathosformeln des Autors nachgehen zu wollen, wie etwa der Gleichsetzung von Renaissance, Seele und Jugend[32] oder der Darstellung des platonischen Eros als „die den Leib und die Seele idea-

---

[30] Spranger 1923, S. 243. Vgl. bereits 1913: Wyneken, Gustav: Was ist „Jugendkultur"? In: W. Kindt (Hrsg.): Grundschriften der deutschen Jugendbewegung. Düsseldorf, Köln 1963, S. 116-128.
[31] „Topos" wird hier verwendet im Sinne von Ernst Robert Curtius: Vgl. Pöggeler, Otto: Dialektik und Topik. In: Bubner, Rüdiger; Cramer, Konrad; Wiehl, Reiner (Hrsg.): Hermeneutik und Dialektik. Bd. 2. Tübingen: Mohr 1970, S. 273-310: S. 288.
[32] Spranger 1923, S. 229.

lisierende Neigung"[33], so sei die Vermutung geäußert, dass nicht das unterschiedliche systemische Verfahren Bernfelds und Sprangers allein für eine mögliche Kritik Bernfelds an den Aussagen Sprangers verantwortlich ist, sondern eine Schwäche des hermeneutischen Verfahrens Sprangers zu einer Kritik der „großen Worte" berechtigten Anlass gibt.[34]

---

[33] Spranger 1923, S. 244.
[34] Dies mag jedoch nur eine Seite der Interpretationsmöglichkeiten darstellen: Eine kritische, aber durchaus positive Wertung im systematischen pädagogischen Kontext erfährt die Erziehungsphilosophie Sprangers als Ganze durch Heinz-Elmar Tenorth: Tenorth, Heinz-Elmar: Sprangers Erziehungsphilosophie – ihre Bedeutung für Pädagogik und Erziehungswissenschaft. In: Meyer-Willner, Gerhard (Hrsg.): Eduard Spranger. Aspekte seines Werks aus heutiger Sicht mit einer bisher unveröffentlichten autobiographischen Skizze von Eduard Spranger. Bad Heilbrunn: Klinkhardt 2001, S. 16-29. Bezeichnender Weise lobt Tenorth jedoch nicht das hermeneutische Verfahren Sprangers, dies wird von ihm eher als „problematische Denkform" charakterisiert (S. 26), sondern vielmehr insbesondere die Bildung systematischer Kategorien des Erziehungsdenkens (S. 16, 27), deren Gehalt er jedoch nicht diskutiert.
Jürg Blickenstorfer beschreibt sehr differenziert das Werk Sprangers der Weimarer Republik als eine in sich geschlossene Theorie ohne begriffslogische Schwachpunkte: Blickenstorfer, Jürg: Pädagogik in der Krise: Hermeneutische Studie, mit Schwerpunkt Nohl, Spranger, Litt zur Zeit der Weimarer Republik. Bad Heilbrunn: Klinkhardt 1998, S. 103-184. Vgl. auch Röhrs, Hermann: Grundlagen der Geisteswissenschaften. Eine Erörterung der Gesammelten Schriften von Eduard Spranger. In: Pädagogische Rundschau 36, 1982, S. 221-231.
Mit geradezu zusätzlicher Bedeutung aufgeladen wird Sprangers nicht immer geschlossenes Denken durch den Nachweis verschiedener Philosophien mit unterschiedlichen Anteilen an der Sprangerschen Begrifflichkeit durch:
Sacher, Werner: Eduard Spranger 1902 – 1933: eine Erziehungsphilosoph zwischen Dilthey und den Neukantianern. Frankfurt am Main, Bern, New York, Paris: Lang 1988 (Europäische Hochschulschriften. 11, 347). Er interpretiert etwa Sprangers Geistbegriff folgendermaßen (S. 339): „Die Schwankungen hinsichtlich einer immanentwissenschaftlichen und einer mystisch-metaphysischen Durchführung des logos-Konzepts sind ganz offensichtlich nicht periodisierbar, sondern in einer durchgängigen Mehrschichtigkeit des Sprangerschen Denkens begründet, welcher die in seiner Tradition begründeten unterschiedlichen Ausdeutungsmöglichkeiten des Geistbegriffs entgegenkamen."
Die hier vorgelegte Vermutung von Denkungenauigkeiten bei Spranger wird gestützt durch: de Haan, Gerhard; Rülcker, Tobias (Hrsg.): Hermeneutik und Geisteswissenschaftliche Pädagogik. Ein Studienbuch. Frankfurt a. M., Berlin, Bern, Brüssel, New York, Oxford, Wien: Lang 2002 (Berliner Beiträge zur Pädagogik. 3). S. 204 stellen die Autoren in Bezug auf die Schrift Eduard Sprangers „Psychologie des Jugendalters" eine Denkungenauigkeit Sprangers fest: Für das Seelenleben des Jugendlichen werden Kategorien gebildet, die mit der Erfahrung des Jugendlichen selbst erkannt werden sol-

Diskussion im Bereich der Erklärungsmodelle über die Verbindung zum Nationalsozialismus

Zum Schluss soll diskutiert werden, inwiefern die Darstellung einer solchen Topos-Bildung einen Beitrag leistet, die oft bemängelten Abgrenzungsschwierigkeiten der geisteswissenschaftlichen Pädagogik zum Nationalsozialismus zu erklären. Vergleichende Untersuchungen zur pädagogischen Begriffsbildung in Nationalsozialismus und Weimarer Republik stellen einen ernstzunehmenden Ansatz dar, Wertkategorientraditionen in ihrer begrifflichen Problematik zu bestimmen. Die oben vorgestellte instrumentalisierende Topos-Bildung suggeriert vor diesem Hintergrund, dass die beobachteten begrifflichen Verunklärungen nicht nur theorieimmanente Probleme etwa mit dem Begriff des Individuums bei Spranger kreieren, sondern auch darüber hinaus Schwächen bei der Abgrenzung zu ganz anders begründeten und gerichteten Bildungskonzepten zeitigen. Ein Beispiel soll deutlich machen, inwieweit begriffliche Aehnlichkeiten zwischen geisteswissenschaftlichen pädagogischen Theorien und nationalsozialistischem Gedankengut gefunden werden, obwohl andere Zielhorizonte anvisiert werden.

Es handelt sich um ein Zitat Friedrich Altrichters, welches sich auf den Wert der Persönlichkeitsbildung (hier: des Offiziers) bezieht:[35] „Aus der Aufgabe des Offiziers als Führer und Erzieher ergibt sich die Notwendigkeit, dass er sich nicht als Objekt des Berufes fühlen darf, sondern bestrebt sein muss, verantwortlicher Träger, bewusster Gestalter und überzeugter Erfüller der sittlichen Werte und praktischen Aufgaben seines Berufes zu werden.

---

len. Nun ist es jedoch so, dass die Kategorien vom erwachsenen Psychologen gebildet werden, der Jugendliche diese Kategorien also gar nicht kennen kann. So ist es ganz logisch und bereits in der Kategorienbildung angelegt, dass der Jugendliche sich selbst nicht verstehen kann – bezogen auf die zugrundegelegte Kategorienbildung. Als Charakteristikum des Jugendalters ist das „Sich-selbst-nicht-verstehen-können" nach dieser Herleitung also vollständig ungeeignet.

[35] Altrichter, Friedrich: Der soldatische Führer. Oldenburg i. O., Berlin 1938, S. 9-10.

Dieser verlangt aus seiner Sinngebung heraus Selbstprüfung, Selbsterkenntnis und Selbsterziehung des soldatischen Führers mit dem Ziel der Vervollkommnung der eigenen Persönlichkeit. Er ist hierzu schon durch die Tatsache verpflichtet, dass der soldatische Beruf sich nicht an einen Teil des eigenen Ichs richtet, sondern den ganzen Menschen umfasst in seinem Denken und Handeln, im Wissen, Können und Leisten, in Haltung und Lebensführung [....]".

An dem im Anfang diskutierten Beispiel aus der Theoriebildung Eduard Sprangers, welches vorderhand nicht mit seiner öffentlichen politischen oder seiner persönlichen Einstellung zum Nationalsozialismus zusammen diskutiert werden soll, sondern allein im kontextuellen Rahmen von Theorienbildungen und deren Traditionen analysiert wird[36], konnte gezeigt werden, dass der Wert der Individuation grundsätzlich in Frage gestellt wird, da er als Scheinwert fungiert, als argumentativer Allgemeinplatz (Topos), dem eine Form der Besitzstandwahrung des Bürgertums antwortet. Damit wird nicht nur der Autonomieanspruch[37] in Frage gestellt, sondern die Persönlichkeitsbildung wird in eine große Nähe zu einer gesellschaftsrelevanten Berufstypik[38] gebracht. Die zitierte Aussage des nationalsozialistischen Wehrmachtoffiziers Friedrich Altrichter von 1938 zur Ausbildung des soldatischen Führers kann nicht mehr auf den ersten Blick von

---

[36] Es geht darum, dass verschiedene Schriften und Äußerungen Sprangers zur gleichen Zeit Geltung beanspruchen. So betont er entgegen seinen Ausführungen in „Kultur und Erziehung" sowie in „Psychologie des Jugendalters" in anderen Schriften das politische Bildungsideal, s. Schlüter, Marnie: Die Aufhebung des humanistischen Bildungsideals. Eduard Spranger im Spektrum des Weimarer Konservativismus'. In: Apel, Hans Jürgen; Kemnitz, Heidemarie; Sandfuchs, Uwe: Das öffentliche Bildungswesen. Historische Entwicklung, gesellschaftliche Funktionen, pädagogischer Streit. Bad Heilbrunn: Klinkhardt 2001, S. 309-321.
Vgl. zur politischen Haltung Sprangers 1933, die auch theoretische Auswirkungen in Bezug auf die Betonung der Zentralposition des „Gewissens" bei Spranger zeitigte: Tenorth, Heinz-Elmar: Eduard Sprangers hochschulpolitischer Konflikt 1933. Politisches Handeln eines preußischen Gelehrten. In: Zeitschrift für Pädagogik 36, 1990, Nr. 4, S. 573-596. Vgl. ebs. Tashiro, Takahiro: Affinität und Distanz. Eduard Spranger und der Nationalsozialismus. In: Pädagogische Rundschau 53, 1999, S. 43-58.
[37] Für eine geschlossene Theorie, welche durch eine Relativierung des Autonomiegedankens möglich wird, plädiert Maurizio Ferraris unter Rückbezug auf Sprangers „Lebensformen" in: Ferraris, Maurizio: Storia dell'Ermeneutica. Milano 1988, S. 318.

Spranger so weit distanziert werden, wie sie es eigentlich dem Inhalt nach müsste. Es erscheint begrifflich vertrautes Gedankengut, welches im Unterschied zu Spranger nun konsequent folgerichtig und damit methodisch konsistent eingesetzt wird: Altrichter erklärt das Ziel der Berufsausbildung zum soldatischen Führer der Wehrmacht mit ähnlichen Worten wie Spranger, füllt diese dann jedoch erziehungstheoretisch mit einem anderen Inhalt, der letztlich in eine Form von Entindividualisierung zu Gunsten des beruflichen Milieus und seiner Wertsysteme mündet.

Als letztes soll nun die offene Frage folgen, ob diese These der begrifflichen Verunklärung, die sicherlich nur durch Untersuchungen in größerem Stil bekräftigt werden kann, einen Erklärungsansatz bietet, der sinnvoll die bestehenden Erklärungsmodelle ergänzen kann. Es ist hier vor allem an die Kontinuitäts-/Diskontinuitätsthese auf der einen Seite und den Ansatz Adalbert Rangs (1988)[39] der strukturellen Affinität bei gleichzeitiger Distanz auf der anderen Seite gedacht. Die Kontinuitäts-/bzw. Diskontinuitätsthese wird von verschiedenen Autoren der letzten 20 Jahren vertreten und besitzt noch bei Klafki/Brockmann (2002) eine erklärungstragende Funktion[40]. Sie kann zwar linear ausgerichtete Ereignis- bzw. Ideengeschichte sowie deren Kreuzungen im Bereich biographischer Forschungen etwa bei Klafki/Brockmann (2002) oder Tenorth (1990) hervorragend darstellen, ist jedoch ungeeignet, Ambivalenzen und deren Grundlagen im Denken einzelner Autoren oder im theoriehistorischen Diskurs zu formulieren, den zu jeweils einer Zeit Werke mit zugesprochener Geltung bilden, die einst zu verschiedenen Zeiten von verschiedenen Autoren verfasst worden sind. Ihr Ergebnis ist stets an der Frage nach struktureller Ver-

---

[38] Vgl. etwa: Spranger, Eduard: Grundlegende Bildung, Berufsbildung, Allgemeinbildung. In: Spranger, Eduard: Kultur und Erziehung. Gesammelte pädagogische Aufsätze. 2. Aufl. Leipzig: Quelle und Meyer 1923, S. 159-177.
[39] Rang, Adalbert: Spranger und Flitner 1933. In: Keim, Wolfgang (Hrsg.): Pädagogen und Pädagogik im Nationalsozialismus – ein unerledigtes Problem der Erziehungswissenschaft. Frankfurt a. M., Bern, New York, Paris: Lang 1988 (Studien zur Bildungsreform. 16), S. 65-78.
[40] Klafki, Wolfgang; Brockmann, Johanna-Luise: Geisteswissenschaftliche Pädagogik und Nationalsozialismus. Herman Nohl und seine „Göttinger Schule" 1932 – 1937. Eine individual- und gruppenbiografische, mentalitäts- und theoriegeschichtliche Untersuchung. Weinheim, Basel: Beltz 2002, S. 11-15, Anm. 1-17.

gleichbarkeit vor 1933 und nach 1945 orientiert. Adalbert Rang[41] belegt auf der anderen Seite Ambivalenzen innerhalb der einzelnen Aussagen und stellt die These auf, dass sie durch den Regress auf Wertelehren aus der Tradition bei gleichzeitigem Mangel von aktuellen gesellschaftstheoretischen Rückgriffen hervorgerufen werden. Sein Beispiel sind die zustimmenden und gleichzeitig sich distanzierenden Äußerungen Eduard Sprangers und Wilhelm Flitners zum neuen nationalsozialistischen Regime 1933 in der Zeitschrift "Die Erziehung"[42]. Es soll nun die Frage gestellt werden, ob die Struktur der Topos-Bildung ein drittes Erklärungsmodell bilden kann. Die denkmögliche These lautet hier, dass die Abkopplung der "großen" Traditionen und Begriffe vorwiegend der idealistischen Philosophie des 19. Jahrhunderts von der sozialen Praxis im Denken des ersten Drittels des 20. Jahrhunderts und danach beigetragen haben könnte, Begriffe verschleifbar und unkonturiert verwendbar zu machen. Hierdurch würde es der geisteswissenschaftlichen Pädagogik an klaren begrifflichen Abgrenzungen zum nationalsozialistischen Gedankengut mangeln, was wiederum ein direktes Veto seitens der Geisteswissenschaftlichen Pädagogik deutlich erschwerte. Es kann vermutet werden, dass durch die Ähnlichkeit und Konturschwäche der Begriffe die Geisteswissenschaftliche Pädagogik große Schwierigkeit hatte, sich von der Theoriebildung des Nationalsozialismus nachvollziehbar zu distanzieren. Mit einer solche These würde der "Regress-" Gedanke Adalbert Rangs insofern erweitert, als der Rückgang auf Werte der christlichen und humanistischen Tradition vor der Folie von kontextuellen Vergleichstheorien nur als ein scheinbarer entlarvt wird.

---

[41] Rang 1988, S. 74.
[42] Rang 1988, S. 69. Eine ausführliche Dokumentation findet sich bei: Herrmann, Ulrich: „Die Herausgeber müssen sich äußern". Die „Staatsumwälzung" im Frühjahr 1933 und die Stellungnahmen von Eduard Spranger, Wilhelm Flitner und Hans Freyer in der Zeitschrift „Die Erziehung". Mit einer Dokumentation. In: Herrmann, Ulrich; Oelkers, Jürgen: Pädagogik und Natioanlsozialismus. Weinheim, Basel: Beltz 1988, S. 281-326.

Zusammenfassung

Die These des Artikels lautete, dass Begriffe zu Leerformeln werden, wenn ihre Konnotationen an der sozialen Praxis nicht reflektiert, sondern vielmehr von den Praxiszusammenhängen abgeschnitten werden. Damit wird eine Instrumentalisierung der Aussagen in andere Kontexte hinein ermöglicht. Sie wurde am Beispiel einer Analyse des Aufsatzes „Von der ewigen Renaissance" in Eduard Sprangers Sammelband „Kultur und Erziehung" diskutiert.

Die Untersuchung einer Textstelle aus Bernfelds „Sisyphos oder die Grenzen der Erziehung" (1925) brachte über den marxistischen Kontext hinaus zunächst eine Annäherung an die Fragestellung. Bernfelds Argument war, dass die idealistische Kultur keinen Eigenwert für die Erziehung bildet, da sie nicht verändern kann, sondern sich allein der Wirtschaft anpasst. Dadurch wird Kultur zum „großen Wort" und ist letztlich einer anderen als der angegebenen Intention, unabhängig bildend zu wirken, dienlich.

Eine Vergleich mit Sprangers Aufsatz „Von der ewigen Renaissance" brachte dann das Ergebnis, dass fast alle von Bernfeld polemisch dargestellten Forderungen, die um das Wort „Kultur" skandierten, enthalten sind, aber in ein vollständig anderes Bildungsziel münden, welches als alleinig der Argumentation folgerecht zugehörig dargestellt wird. Dieses Bildungsziel der Jugend in der Pubertät ist nach Spranger die Individualität, die im dialektischen Zusammenhang von „Selbst" und Welt geübt und verfeinert wird. Der Bildungsprozess soll nach Spranger dabei in der Beschäftigung mit Kultur gesucht werden.

Es wurde festgestellt, dass Spranger an entscheidender Stelle einen Denkfehler macht: Individuation ist für ihn so lange sinnvoll, wie die Stände und Schichten innerhalb der Gesellschaft gewahrt bleiben. Dadurch wird es zum Scheinwert zu glauben, er baute seine Bildungstheorie auf einer Anthropologie auf. Vielmehr gibt er den sich heranbildenden Individuen nicht die gleichen Chancen für die individuelle Bildung, sondern bewahrt, ohne zu reflektieren, das alte gesellschaftliche Ordnungsgefüge. Hieraus ergab sich eine ambivalente Lesart seines Textes, die letztlich die von ihm zugemessene Bedeutung der kulturellen Werte für die Erziehung verunklärte. Es wurde deutlich, dass sie trotz der beschworenen Größe ihrer Tradition eine gewisse Instrumentalisierbarkeit in Bezug auf die bürgerliche Besitzstandwahrung haben.

Im Rahmen der Fragen nach der Affinität der Sprangerschen Theoriebildung zu Gedankenformationen des Nationalsozialismus wurde auf das Ergebnis aufgebaut, dass die Interpretation mit einer verunklärten Begriffsbildung zu tun hat, die sich aus der mangelnden Reflexion auf Praxiszusammenhänge herleitet. Beispielhaft für diese fehlende Möglichkeit einer eindeutigen begrifflichen Abgrenzung Sprangerscher Theorienbildung und nationalsozialistischen Gedankengutes stand ein Zitat aus einem Werk des Nationalsozialisten Friedrich Altrichter zur Wehrmachtsausbildung des „soldatischen Führers", das von der Zielgebung der Ausbildung her, die auf Persönlichkeitsbildung angelegt ist, auf den ersten Blick wegen der ähnlichen Begriffe und Forderungen kaum von Sprangerschem Denken unterscheidbar scheint, und erst auf den zweiten Blick übergeordnete Tendenzen der Entindividualisierung offenbart.

Zum Schluss wurde als offene Frage formuliert, inwiefern die Darstellung einer solchen Topos-Bildung einen Beitrag leisten könnte, die oft bemängelten Abgrenzungsschwierigkeiten der geisteswissenschaftlichen Pädagogik zum Nationalsozialismus zu erklären. Diese Frage würde vor dem Hintergrund noch ausstehender vergleichender Untersuchungen zur pädagogischen Begriffsbildung in Nationalsozialismus und Weimarer Republik diskutiert werden können.

Verwendete Literatur

Primärliteratur

Altrichter, F.: Der soldatische Führer. Oldenburg i. O., Berlin 1938.

Bernfeld, S.: Sisyphos oder die Grenzen der Erziehung. Leipzig, Wien, Zürich 1925.

Bernfeld, S.: Sisyphos oder die Grenzen der Erziehung. Frankfurt a. M. 1973.

Dewey, J.: The Middle Works, 1899-1924. Vol. 9: Democracy and Education 1916, Hrsg.: Jo Ann Boydston. Carbondale, Edwardsvill 1985.

Herrmann, U.: „Die Herausgeber müssen sich äußern". Die „Staatsumwälzung" im Frühjahr 1933 und die Stellungnahmen von Eduard Spranger, Wilhelm Flitner und Hans Freyer in der Zeitschrift „Die Erziehung". Mit einer Dokumentation. In: Herrmann, U./Oelkers, J.: Pädagogik und Nationalsozialismus. Weinheim, Basel 1988, S. 281-326.

Spranger, E.: Kultur und Erziehung. Gesammelte pädagogische Aufsätze. Leipzig 1919.

Spranger, E.: Von der ewigen Renaissance. In: Spranger, E.: Kultur und Erziehung. Gesammelte pädagogische Aufsätze. Leipzig 1919, S. 132-151.

Spranger, E.: Kultur und Erziehung. Gesammelte pädagogische Aufsätze. Leipzig 1923^2.

Spranger, E.: Grundlegende Bildung, Berufsbildung, Allgemeinbildung. In: Spranger, E.: Kultur und Erziehung. Gesammelte pädagogische Aufsätze. Leipzig 1923^2, S. 159-177.

Spranger, E.: Von der ewigen Renaissance. In: Spranger, E.: Kultur und Erziehung. Gesammelte pädagogische Aufsätze. Leipzig 1923^2, S. 229 – 251.

Spranger, E.: Kultur und Erziehung. Gesammelte pädagogische Aufsätze. Hrsg. und mit Nachwort versehen von Birgit Ofenbach. Darmstadt 2002.

Spranger, E.: Psychologie des Jugendalters. Heidelberg 1924.

Wyneken, G.: Was ist „Jugendkultur"? In: Kindt, W. (Hrsg.): Grundschriften der deutschen Jugendbewegung. Düsseldorf, Köln 1963, S. 116-128.

Sekundärliteratur

Apel, H. J./Kemnitz, H./Sandfuchs, U.: Das öffentliche Bildungswesen. Historische Entwicklung, gesellschaftliche Funktionen, pädagogischer Streit. Bad Heilbrunn 2001.

Bellmann, J.: Die Konstruktion des Ökonomischen bei Eduard Spranger und Theodor Litt. In: Zeitschrift für Pädagogik 45, 1999, Nr. 2, S. 261-279.

Blickenstorfer, J.: Pädagogik in der Krise: Hermeneutische Studie, mit Schwerpunkt Nohl, Spranger, Litt zur Zeit der Weimarer Republik. Bad Heilbrunn: 1998.

Bubner, R./Cramer, K./Wiehl, R. (Hrsg.): Hermeneutik und Dialektik. Bd. 2. Tübingen 1970.

de Haan, G./Rülcker, T. (Hrsg.): Hermeneutik und Geisteswissenschaftliche Pädagogik. Ein Studienbuch. Frankfurt a. M., Berlin, Bern, Brüssel, New York, Oxford, Wien 2002 (Berliner Beiträge zur Pädagogik. 3).

Fend, H.: Entwicklungspsychologie der Adoleszenz in der Moderne, Bd. 3: Die Entdeckung des Selbst und die Verarbeitung der Pubertät. Bern, Göttingen, Toronto, Seattle 1994.

Ferraris, M.: Storia dell'Ermeneutica. Milano 1988.

Herrmann, U./Oelkers, J. (Hrsg.): Pädagogik und Nationalsozialismus. Weinheim, Basel 1988.

Horn, K.-P./Ritzi, C. (Hrsg.): Klassiker und Aussenseiter. Pädagogische Veröffentlichungen des 20. Jahrhunderts. Hohengehren 2001.

Joas, H. (Hrsg.): Philosophie der Demokratie. Beiträge zum Werk von John Dewey. Frankfurt a. M. 2000.

Keim, W. (Hrsg.): Pädagogen und Pädagogik im Nationalsozialismus – ein unerledigtes Problem der Erziehungswissenschaft. Frankfurt a. M., Bern, New York, Paris 1988 (Studien zur Bildungsreform. 16).

Klafki, W./Brockmann, J.-L.: Geisteswissenschaftliche Pädagogik und Nationalsozialismus. Herman Nohl und seine „Göttinger Schule" 1932 – 1937. Eine individual- und gruppenbiografische, mentalitäts- und theoriegeschichtliche Untersuchung. Weinheim, Basel 2002.

Lohmann, I.: Siegfried Bernfeld: Sisyphos oder die Grenzen der Erziehung. Der geheime Zweifel der Pädagogik. In: Horn, K.-P./Ritzi, C. (Hrsg.): Klassiker und Aussenseiter. Pädagogische Veröffentlichungen des 20. Jahrhunderts. Hohengehren 2001, S. 51-63.

Meyer-Willner, G. (Hrsg.): Eduard Spranger. Aspekte seines Werks aus heutiger Sicht mit einer bisher unveröffentlichten autobiographischen Skizze von Eduard Spranger. Bad Heilbrunn 2001.

Oelkers, J.: Democracy and Education: About the Future of a Problem. In: Oelkers, J./Rhyn, H. (Hrsg.): Dewey and European Education. General Problems and Case Studies. Dordrecht, Boston, London 2000 (Reprint from Studies in Philosophy and Education, Volume 19, Nos. 1-2, 2000), S. 3-19.

Oelkers, J./Rhyn, H. (Hrsg.): Dewey and European Education. General Problems and Case Studies. Dordrecht, Boston, London 2000 (Reprint from Studies in Philosophy and Education, Volume 19, Nos. 1-2, 2000)

Oelkers, J.: John Deweys Philosophie der Erziehung: Eine theoriegeschichtliche Analyse. In: Joas, H. (Hrsg.): Philosophie der Demokratie. Beiträge zum Werk von John Dewey. Frankfurt a. M. 2000, S. 280-315.

Pöggeler, O.: Dialektik und Topik. In: Bubner, R./Cramer, K./Wiehl, R. (Hrsg.): Hermeneutik und Dialektik. Bd. 2. Tübingen 1970, S. 273-310.

Prondczynsky, A. v.: John Dewey: Demokratie und Erziehung. In: Horn, K.-P./Ritzi, C. (Hrsg.): Klassiker und Aussenseiter. Pädagogische Veröffentlichungen des 20. Jahrhunderts. Hohengehren 2001, S. 65-86.

Rang, A.: Spranger und Flitner 1933. In: Keim, W. (Hrsg.): Pädagogen und Pädagogik im Nationalsozialismus – ein unerledigtes Problem der Erziehungswissenschaft. Frankfurt a. M., Bern, New York, Paris 1988 (Studien zur Bildungsreform. 16), S. 65-78.

Röhrs, H.: Grundlagen der Geisteswissenschaften. Eine Erörterung der Gesammelten Schriften von Eduard Spranger. In: Pädagogische Rundschau 36, 1982, S. 221-231.

Sacher, W.: Eduard Spranger 1902 – 1933: eine Erziehungsphilosoph zwischen Dilthey und den Neukantianern. Frankfurt a. M., Bern, New York, Paris 1988 (Europäische Hochschulschriften. 11, 347).

Schlüter, M.: Die Aufhebung des humanistischen Bildungsideals. Eduard Spranger im Spektrum des Weimarer Konservativismus'. In: Apel, H. J./Kemnitz, H./Sandfuchs, U.: Das öffentliche Bildungswesen. Historische Entwicklung, gesellschaftliche Funktionen, pädagogischer Streit. Bad Heilbrunn: 2001, S. 309-321.

Tashiro, Takahiro: Affinität und Distanz. Eduard Spranger und der Nationalsozialismus. In: Pädagogische Rundschau 53, 1999, S. 43-58.

Tenorth, H.-E.: Eduard Sprangers hochschulpolitischer Konflikt 1933. Politisches Handeln eines preußischen Gelehrten. In: Zeitschrift für Pädagogik 36, 1990, Nr. 4, S. 573-596.

Tenorth, H.-E.: Sprangers Erziehungsphilosophie – ihre Bedeutung für Pädagogik und Erziehungswissenschaft. In: Meyer-Willner, G. (Hrsg.): Eduard Spranger. Aspekte seines Werks aus heutiger Sicht mit einer bisher unveröffentlichten autobiographischen Skizze von Eduard Spranger. Bad Heilbrunn 2001, S. 16-29.

Topitsch, E.: Vom Ursprung und Ende der Metaphysik. Eine Studie zur Weltanschauungskritik. Wien: Springer - Verlag 1958.

Waschulewski, U.: Die Wertpsychologie Eduard Sprangers. Eine Untersuchung zur Aktualität der ‚Lebensformen'. Münster, New York, München, Berlin: 2002 (Texte zur Sozialpsychologie. 8).

Wolfrum, V.: Anspruch und Wirklichkeit im Werk von Siegfried Bernfeld anhand von ausgewählten Schriften aus den Jahren 1912 – 1933. Würzburg: Königshausen und Neumann 1983 (Unipress, Reihe Pädagogik. 4).

Kurt Beutler

Der Begriff der Militärpädagogik bei Erich Weniger

Das Militär war in Erich Wenigers Leben ein vorherrschendes Leitbild seines Selbstverständnisses. Es bestimmte sein Handeln und sein Denken. Es wurde von ihm nicht notgedrungen gebilligt, sondern gut geheißen, ohne Erwägung einschränkender Bedingungen. Es galt ihm als eine dem Staat und dem Individuum gleichermaßen relevante Instanz. Für den Staat verkörperte das Militär am konsequentesten die Macht und für den einzelnen Soldaten stellte es eine Art Männerbund mit absolut autoritärer Struktur dar. Im Militär bot sich eine Institution, in der sich "der Mann" wie sonst nirgendwo so vollkommen in "Verantwortung" und "Bewährung" erweisen konnte (Beutler 1995; Siemsen 1995).

Obwohl Weniger gedanklich der "nationalen Bewegung" nahestand, hatte ihn das nationalsozialistische Regime als Direktor und Professor der Pädagogischen Akademie in Frankfurt a. M. zunächst entlassen, dann die Entlassung wieder rückgängig gemacht und ihn schließlich in eine Studienratsstelle eingewiesen, und zwar unter Beibehaltung seines Professorengehalts und des Professorentitels. Da er keine Neigung zeigte, an einer höheren Schule zu unterrichten, gelang es dem Reserveoffizier, mit Unterstützung hoher Militärs eine Beurlaubung für militärpädagogische Forschungszwecke durchzusetzen. So galt sein Engagement während der NS-Periode geradezu ausschließlich der Militärpädagogik, und er trat mit entsprechenden Publikationen hervor. Seine Aktivität hatte zum Ziel, die Kampfkraft der Wehrmacht auf pädagogischem Weg zu verbessern. Daneben entfaltete er während des Zweiten Weltkriegs eine rege Vortragstätigkeit vor Offizieren, was seinen akademischen Lehrer Herman Nohl veranlaßte, ihm sein Erstaunen darüber auszudrücken: "Wirklich wie ein Planet fahren Sie durch die Welt, ob das wahrhaft einen Sinn hat?" (Schwenk 1968, S. 22).

Guten Gewissens gab sich Weniger seit Mitte der dreißiger Jahre bis Kriegsende seiner selbst gewählten Aufgabe hin und forschte mit Hingabe für die Wehrmacht.

Es leitete ihn dabei die Idee eines kommenden Krieges, womit er recht behielt. Das Militär wurde ihm zur geistigen und beruflichen Heimat, wie dies in den vorausgehenden Jahren die Pädagogische Akademie gewesen war. Die militärpädagogischen Aktivitäten ließen ihn den "neuen Staat" fast vergessen, dem er mit enormem Fleiß diente. Daß er dabei den Eroberungskrieg des nationalsozialistischen Deutschlands geistig mit vorbereitete und später auch begleitete, veranlaßte ihn zu keinem Zeitpunkt, darüber selbstkritisch nachzudenken. Zum einzigen Problem wurde ihm in diesem Zusammenhang, daß er sich nach dem Ende der NS-Herrschaft mit einem Entnazifizierungsverfahren und dem Vorwurf konfrontiert sah, ein Befürworter des Militarismus gewesen zu sein. Zu seiner Verteidigung legte er sich die Ideologie zurecht, die Wehrmacht sei gleichsam freischwebend über dem Staat eine politisch unanfechtbare Institution gewesen. Damit glaubte er, der Mitverantwortung für den NS-Staat enthoben zu sein. Wie viele der im Land Gebliebenen deutete er nach 1945 seine Rolle während und für das NS-Regime als "innere Emigration". Ich möchte hier nicht näher auf diesen äußerst fragwürdigen Begriff eingehen, mit dem sich viele Nazis nach 1945 ungehemmt mit den ins Exil Getriebenen gleichmachen wollten. Daß er NS-Führungsoffizier war, rechtfertigte der Göttinger Pädagoge mit der Behauptung, er habe diese Position nur zur Tarnung übernommen, um Widerstand leisten zu können, worüber jedoch nichts Konkretes überliefert ist. Die Widerstands-Behauptung brachte er recht geschickt im argumentativen Zusammenhang mit seinem vorgesetzten General Carl-Heinrich von Stülpnagel vor, der tatsächlich an der Verschwörung des 20. Juli 1944 beteiligt war. Weniger selbst gehörte aber nachweislich nicht dazu (Schramm 1966).

Auch nach dem Zweiten Weltkrieg befaßte sich Weniger aufs Neue mit der Militärpädagogik, übernahm zusätzlich höchste Beratungsfunktion beim Aufbau der Bundeswehr und war als Mitglied des Personalgutachterausschusses auch für die Wiederverwendung einstiger Wehrmachtsoffiziere verantwortlich. Seine militärischen Beratungsdienste schlugen sich auch als Reflexion in Vorträgen und Aufsätzen nieder.

Nun muß jedoch beachtet werden: Das Militär bekam für Weniger seinen geschichtlichen Sinn überhaupt erst im Krieg selbst. Diesen interpretierte er als ein ewig wiederkehrendes Geschehen der Menschheitsgeschichte, ähnlich einem Naturereignis. Dem einzelnen bietet der Krieg die Chance, sich über sein triviales Leben hinaus erheben zu können und in der Grenzsituation geradezu ekstatisch ergriffen zu werden. Der Krieg erlangt metaphysische Qualität.

Bei solcher Sichtweise von Militär und Krieg kann es nicht erstaunen, daß Weniger einen nicht geringen Teil seiner erziehungstheoretischen Bemühungen der Militärpädagogik widmete. Jedoch spielte diese Thematik in der erziehungswissenschaftlichen Diskussion der Bundesrepublik lange Zeit keine Rolle. Obwohl Erich Weniger als einer der führenden Vertreter der geisteswissenschaftlichen Pädagogik die Erziehungswissenschaft maßgeblich bestimmte, blieben doch seine militärpädagogischen Arbeiten fast völlig unbeachtet. Erst seit Ende der achtziger Jahre (Beutler 1989) gibt es im Fach eine Diskussion über Wenigers Militärpädagogik.

Ein Grund für die langjährige Enthaltsamkeit der Weniger-Forschung bezüglich der Militärpädagogik dürfte sein, daß Weniger in seinem 1952 fertiggestellten und in zwei weiteren, unveränderten Auflagen (1958 und 1964) erschienenen Sammelband "Die Eigenständigkeit der Erziehung in Theorie und Praxis" (1952) keinen seiner militärpädagogischen Beiträge wieder zum Abdruck brachte, was sicherlich auf das damals in der Bundesrepublik bestehende antimilitaristische Klima zurückzuführen ist. Andererseits begann Weniger zum selben Zeitpunkt, veranlaßt durch die Wiederaufrüstungspläne der Regierung Adenauer, sich wieder stärker auf das nicht einfache Thema einzulassen. Gewiß ist für die mangelnde Beachtung von Wenigers Militärpädagogik auch die Tatsache relevant, daß er seine Überlegungen hierzu insbesondere als verstreute Aufsätze in zum Teil entlegenen Zeitschriften dargelegt hatte. Doch lag wohl der maßgeblichere Grund im "zivilen" Studien- und Forschungsinteresse der Nachkriegsgeneration, die den Krieg noch an der Front oder im Bombenhagel der Städte zur Genüge kennengelernt hatte. Weniger zeigte Gespür genug, die Militärpädagogik dann auch nicht über Lehrveranstaltungen zu vermitteln.

Ich möchte jetzt im folgenden versuchen, den Begriff oder die Theorie der Militärpädagogik bei Erich Weniger noch etwas ausführlicher darzustellen.

Die militärpädagogischen Arbeiten Wenigers beginnen 1930 mit seiner Abhandlung "Das Bild des Krieges. Erlebnis, Erinnerung, Überlieferung" (1930) in der Zeitschrift "Die Erziehung". In diesem Aufsatz werden vor allem zwei Probleme erörtert: Einmal die Frage der Gültigkeit von Erfahrung für eine Theorie künftiger Wehrerziehung und zum zweiten die Entdeckung der im "Kriegserlebnis" enthaltenen Bildungskräfte. In den Jahren nach 1933 folgen weitere militärpädagogische Publikationen, neben einer Reihe von Aufsätzen und Rezensionen vor allem drei Bücher: "Wehrmachtserziehung und Kriegserfahrung"(1938), "Goethe und die Generäle" (1940) und "Die Erziehung des deutschen Soldaten"(1944). Vor 1930 finden sich bei Weniger militärpädagogisch relevante Äußerungen nur mal ganz kurz in der Habilitationsschrift (1926a, S. 186) und gleichermaßen in einem Aufsatz (1926b, S.162 f.). Dort stellt er zufrieden fest, daß die Hingabe der Jugend an den Krieg als Erfolg auch der Bemühungen des Geschichtsunterrichts zu werten sei (S. 162). Die früheste militärpädagogische Äußerung findet sich in einer Rezension, die trotz ihrer Kürze bemerkenswert ist. Weniger schreibt dort: "Das ist Sinn und Zweck dieses eigenartig schönen Buches, in denen Kameraden von ihren gemeinsamen Erlebnissen erzählen, schlicht und doch oft von einer packenden Eindringlichkeit. Einiges ist ganz wundervoll gelungen, am erschütterndsten wohl der Bericht über die 'Großkampftage bei Barleux'. In dem Leser wachen all die eigenen Erinnerungen wieder auf und gewinnen eine seltsame Macht. Eine Sehnsucht erhebt sich nach dem geschlossenen Sein, den klaren Aufgaben, dem unbewußten Glücksgefühl jener Tage. Es war doch schön und es soll nicht umsonst gewesen sein, mag es auch immer heute so aussehen" (1920, S. 213).

Hier spricht einer, der mit dem "Kriegserlebnis" identisch ist, der 1914 als Kriegsfreiwilliger in den Ersten Weltkrieg zog, aus ihm als junger Leutnant 1918 zurückkehrte und dem die militärische Niederlage schwer zu schaffen machte.

Die grundlegende Problemstellung der Militärpädagogik besteht für Weniger in der Frage: Wie muß der deutsche Soldat erzogen werden ? Es läßt sich ersehen, daß bestimmte Arten der Theoriebildung für Weniger ausscheiden. So zieht er eine normative Theorieentwicklung, die bei irgendwie ausgedachten Idealvorstellungen ihren Ausgangspunkt wählt, gar nicht erst in Erwägung. Vielmehr hat er sich für eine Theorie entschieden, die auf Erfahrung gründet. Aber auch hierbei begnügt er sich nicht mit den zufälligen Erfahrungen, auf die Individuen im Regelfall ihr Weltverständnis stützen. Die Erfahrung darf seiner Ansicht nach nicht vom Zufall subjektiver Erlebnisse geleitet sein, sondern muß die Wirklichkeit, die Praxis, das "Leben" erfassen. Das heißt aber für ihn wiederum auch nicht empirische Wissenschaft, sondern hermeneutische Analyse historischer Vorgänge und Situationen, also ein interpretierendes Verständnis für den Untersuchungsgegenstand. Weniger hatte in seiner Kieler Antrittsvorlesung von 1929 über "Theorie und Praxis in der Erziehung" (1929) seinen Erfahrungsbegriff in Anlehnung an J.F. Herbart (Herbart 1952, S. 8f.) dargelegt. Diese Auffassung von Erfahrung bildet wenigstens teilweise die stillschweigende Grundlage für die schon erwähnte Abhandlung "Das Bild des Krieges" von 1930. Diese erste militärpädagogische Arbeit Wenigers ist zugleich der Schlüsselaufsatz für seine spätere rege Publikationstätigkeit zugunsten der Wehrmacht.

Der Krieg wird zum Selbstzweck, und die in ihm Kämpfenden haben sich im Kampf selbst zu genügen. Deshalb erfolgt auch eine Eliminierung der Frage nach dem Sinn kriegerischen Handelns. Selbst den Bezug zum Staat gibt Weniger hier preis, immerhin erstaunlich für den sonst als Fachmann "staatsbürgerlicher Erziehung" geltenden Pädagogen. Es ist kein Zufall, daß Weniger speziell in der Dichtung Ernst Jüngers den Krieg angemessen gestaltet sieht. Tatsächlich bieten Jüngers Schriften "In Stahlgewittern" und "Der Kampf als inneres Erlebnis" eine Erfahrungsverarbeitung, durch die der Krieg als eine einzigartige Faszination hervortritt. (Jünger 1929, S. 95 f.)

Weniger läßt in seiner Militärpädagogik keinen Zweifel darüber aufkommen, daß die Kriegserfahrung auch unter dem Aspekt der Bildung wichtig ist. Bildung gewinnt Relevanz für einen Frontsoldaten im unmittelbaren Durchleben des Krieges, aber auch für einen Lehrer, der seinen Schülern Probleme und Einsichten vermitteln möchte. Er verklärt die Kriegserfahrung einerseits zum Mythos und nimmt sie andererseits zum Anlaß bildungstheoretischer Betrachtungen (1938, S. 4). So wird das "Kriegserlebnis" aus seiner metaphysischen Schicksalssphäre zurückgeholt und in einen pädagogisch relevanten Arbeitszusammenhang gebracht, d.h. Fähigkeiten sind gefragt, und der Pädagoge transformiert den Krieg zum "Bildungsvorgang" (1930, S. 18), der in eine belehrende Kriegstheorie für die Zukunft umzusetzen ist, so wie es später im Clausewitz-Aufsatz steht, daß bei den preußischen Heeresreformern die Analyse zur Bildungslehre und die Kriegstheorie zum Erziehungsprogramm werde (1950, S. 126). Weniger schätzt an Clausewitz, dem er sowieso eine besondere Bewunderung zukommen läßt, daß dieser den "gebildeten Offizier" in der "pädagogischen Absicht" hatte und in der Bildung "die Voraussetzung für die 'ausgezeichnete' Erfüllung der soldatischen Pflichten" (ebd.) sah.

Wem es um die "Entbindung der im Kriegserlebnis bildenden Kräfte" (1930, S. 17) geht und wem die Kriegserinnerung zum "Bildungsproblem" gerinnt, dem ist es auch ein Anliegen, den Krieg als ein produktives Ereignis in der Geschichte eines Volkes zu deuten. Der Erste Weltkrieg gedeiht nicht nur zum Bildungserlebnis, sondern wird auch zum Fanal seiner eigenen Wiederholung. Weniger nimmt eine fast gleichlautende Formulierung aus dem Jahr 1930 acht Jahre später wieder auf und schreibt: "Die Kräfte, die im Kriegserlebnis liegen, werden aus dem Zustand bloßer Erinnerung entbunden. Nun haben wir einen Maßstab für das, was zu gelten habe, in der vor uns liegenden Aufgabe" (1938, S. 187).

Ein Hauptziel militärischer Erziehung ist die Schaffung einer Erziehungsgemeinschaft "als höchste(r) Form des Friedensdienstes" (1938, S. 141), wobei mit "Friedensdienst" alle Aktivitäten der Soldaten zwischen den Kriegen gemeint sind. Das weitergehende und wünschenswerte Ziel der "Kampfgemeinschaft" erscheint Weniger aber nur unter den Bedingungen des Krieges selbst erreichbar (ebd.).

Es darf keinen vage ausgestalteten Gehorsam geben, vielmehr muß er ein "absoluter" oder "strikter Gehorsam" sein (1941, S. 203). Allerdings soll der Gehorsam gleichsam dynamisiert werden, und zwar mit dem Ziel höchster Ergiebigkeit. Die Offiziere sollen "selbständige Überzeugungen" und die Unterführer ein "eigengewachsenes Urteil, geistige und sittliche Unabhängigkeit" (S. 205) haben.

Jedoch strebt Weniger weder so etwas wie eine Willensfreiheit noch einen Ermessensspielraum an, sondern wendet sich nur gegen eine gedankenlose bis gleichgültige Befehlserfüllung, die seiner Ansicht nach zu einer Befehlsverfehlung führen kann. Die Befehle sollen geistig durchdrungen und so in ihrem Wesensgehalt besser erkannt werden, damit sie auch tatsächlich "befehlsgemäße" Handlungen bewirken. Auf diese Weise wird der Gehorsam überhaupt erst absolut. Unser Pädagoge hat also die Absicht, Offiziere und Unteroffiziere quasi zu "Hermeneutikern" heranzubilden.

Mit solch ausgeklügeltem Gehorsamsverständnis liefert Weniger selbst ein Beweisstück für seine Überzeugung, die Pädagogik in den Dienst der Kriegsführung zu stellen. Die Wehrmacht soll wirksamer agieren als das kaiserliche Heer. Hierbei kann die Militärpädagogik eine wirkungsvolle Unterstützung leisten.

Erstaunlich ist auch hier wiederum die Ausblendung des Staates, in dessen Dienst das Militär stand. Als befände sich die deutsche Wehrmacht außerhalb des NS-Staates und als sei der von Deutschland entfesselte Zweite Weltkrieg nur ein militärisches und nicht auch ein politisches Unternehmen.

Die "relative" Distanz zum NS-Regime gibt Weniger allerdings gegen Ende des Krieges auf. 1944 erscheint seine Studie "Die Erziehung des deutschen Soldaten", worin er sich auch ausdrücklich pronazistisch äußert.

Weniger hat nach dem Ende des sog. "Dritten Reichs" behauptet, die pronazistischen Sätze seien ihm vor Drucklegung redaktionell reingeschrieben worden. Dies klingt allerdings wenig überzeugend bei einem Autor, der schon 1936 formuliert hatte:"... wir stehen erst am Anfang einer neuen Wehrepoche, deren Anbruch wir der elementaren Wucht der nationalsozialistischen Idee verdanken ..."(1936, S. 399). Und im Hauptwerk von 1938 ist nachzulesen: "Der wahre Optimismus, zu dem es sich durchzuringen gilt, glaubt aber an die unzerstörbaren Kräfte der Rasse und des Volkes ..." (1938, S. 238).

Es läßt sich feststellen: Der Militärpädagoge kam den Nationalsozialisten ideologisch entgegen und hat ihnen mit seinen geistigen Aktivitäten sicher mehr genützt, als wenn er, wie viele Lehrer, durch formale NS-Mitgliedschaft ein bloßer "Mitläufer" geworden wäre. Wenigers recht eindeutige Passagen von 1944 lassen sich schwerlich von nationalsozialistischen Äußerungen unterscheiden und es kommt ihm an keiner Stelle die Frage, ob es von pädagogischer Verantwortung zeugt, die deutsche Jugend für einen Krieg unter nationalsozialistischer Führung zu erziehen. Ein moralisches Kriterium findet sich in keiner der zahlreichen Veröffentlichungen, es sei denn die gelegentlich beschworenen "höheren sittlichen Werte" deutschen Soldatentums sollten dafür gehalten werden. Auch gibt es bei Weniger keine Reflexion über die Rolle des Militärs im Staat. Statt dessen spricht er von "sittlicher(r) Grundkraft", "Ehre", "Treue" und "Mannszucht" des deutschen Militärs (1944, S.50).So stellt sich ihm der Krieg als das Phänomen einer großen "Bewährung" dar.

Erich Weniger hegt keinen Zweifel an der Ehrenhaftigkeit der Wehrmacht, die er mit seiner Militärpädagogik an nicht untergeordneter Stelle nach Kräften unterstützte. Man kann sich schwerlich vorstellen, daß ein Hochschullehrer, der schon zur Zeit der Weimarer Republik Geschichtsdidaktik und staatsbürgerliche Erziehung zu Schwerpunkten seiner Lehre und Forschung gemacht hatte, sich nicht über das grundsätzliche Verhältnis von Wehrmacht und NS-Staat klar werden konnte. Die Wehrmacht war zu keinem Zeitpunkt unpolitisch, und sie bot nie die Möglichkeit zur "inneren Emigration".

Der Militärhistoriker Manfred Messerschmidt faßt zusammen, was sich aus vielen Einzeluntersuchungen ergibt und was für das hier dargestellte Problem von Bedeutung ist: "Das Militär war also nur ein Wasserträger unter vielen anderen, aber ein prominenter und zudem potentiell der mächtigste. Überdies der Wasserträger, der die junge Mannschaft der Nation auszubilden und dann im Kriege den Zielen des Führers dienstbar zu machen hatte. Er hat dies getan, wie es besser schwerlich möglich war." (Messerschmidt 1986, S. 47). Weniger war nicht nur Soldat und Offizier des kaiserlichen Heeres im Ersten Weltkrieg sowie Offizier und Militärpädagoge im Zweiten Weltkrieg, er war auch nach 1945 davon überzeugt, daß für Deutschland Militär unverzichtbar ist.

Vier Jahre nach Ende des Zweiten Weltkriegs veröffentlichte Weniger wieder einen das Militär betreffenden Beitrag. Es war sein Aufsatz über Heinrich von Stülpnagel (1949). Ein Jahr später folgte der militärhistorische Aufsatz über Clausewitz in der Kähler-Festschrift (1950). Aber erst ab 1952 trat Weniger wieder regelmäßig mit militärpädagogischen Beiträgen hervor. Sie begannen mit dem Vortrag "Gesellschaftliche Probleme eines deutschen Beitrages zur europäischen Verteidigung" (Archiv FR, N 488/45) und endeten ein Jahr vor Wenigers Tod mit dem Aufsatz "Soldatische Tradition in der Demokratie" (1960). Um zu verstehen, warum Weniger sich gerade in dieser Zeit wieder militärpädagogisch äußerte, muß der politische und biographische Zusammenhang hergestellt werden.

Unter dem Einfluß der amerikanischen Außenpolitik und auf dem Hintergrund des "Kalten Krieges" zwischen West und Ost wurde es ab 1950 in der Bundesrepublik wieder möglich, über die Einrichtung neuer Streitkräfte zu sprechen. Die öffentliche Meinung stand für eine Wiederbewaffnung zwar zunächst nicht günstig, aber diese Situation konnte mit wirtschaftlichen und politischen, nicht zuletzt auch mit ideologischen Machtmitteln verändert werden. Dabei wirkte auch die Wissenschaft mit, und zwar nicht nur durch Publikationen, sondern auch durch Beratung und sog. Sachverständigengutachten in politischen Gremien. Um das öffentlichkeitswirksame Potential der Wissenschaft für politische Zwecke zu nutzen, bedurfte es keiner großen Zahl von Personen. Bereitwillige waren leicht und schnell zusammenzubringen.

Im Zuge der Wiederaufrüstung kam es im Bundeskanzleramt unter der ersten Kanzlerschaft Adenauers zur Einrichtung einer Abteilung mit dem etwas umständlichen Titel: "Der Beauftragte des Bundeskanzlers für die mit der Vermehrung der alliierten Truppen zusammenhängenden Fragen". Hinter der Bezeichnung verbirgt sich die Vorgängereinrichtung des späteren Bundesverteidigungsministeriums. Da die Formulierung nicht nur dem zu einem einfachen Wortschatz neigenden Adenauer zu kompliziert erschien, sondern sie sich auch im Amtsgebrauch zur schnellen Kennzeichnung für die gemeinte Institution schlecht eignete, bürgerte sich bald die ebenso verharmlosende

Bezeichnung "Amt Blank" oder "Dienststelle Blank" ein, so genannt nach dem Leiter der Abteilung.

Seit 1952 trug sich das Amt Blank mit der Überlegung der Einrichtung einer "Gutachtergruppe Personal", die für die Auswahl der Bewerber für alle höheren Offiziersstellen zuständig sein sollte und die Funktion hatte, vor der Öffentlichkeit einen demokratischen Entscheidungsprozeß zu demonstrieren. Deshalb sollten der Gutachtergruppe nicht nur Militärs, sondern auch "Persönlichkeiten des öffentlichen Lebens" zugehören. Zur formellen Konstituierung des schließlich "Personalgutachterausschuß" genannten Gremiums kam es drei Jahre später durch ein eigens dafür geschaffenes Gesetz, das der Bundestag im Juli 1955 verabschiedete. Weniger war Mitglied im Personalgutachterausschuß während dessen Hauptarbeitsperiode zwischen Juli 1955 und März 1958. Ab Mitte 1958 wurde er Berater im Beirat der "Inneren Führung". Seit Konstituierung des "Deutschen Ausschusses für das Erziehungs- und Bildungswesen" gehörte Weniger auch diesem wichtigsten bildungspolitischen Gremium der Adenauer-Ära an (Ausschuß 1955, S. 3 f.). Dort wurde er u.a. initiativ für die "Empfehlung aus Anlaß des Aufbaus der Bundeswehr" vom 5. Juli 1956 (Ausschuß 1957, S. 17-21) und prägte die Hauptgedanken dieser Verlautbarung.

Die Bestrebungen zu einer deutschen Wiederbewaffnung brachten es mit sich, daß Weniger nicht nur als Berater, sondern auch als Erziehungstheoretiker zugunsten einer Wiederbewaffnung der Bundesrepublik hervortrat. Dabei knüpfte er an seine militärpädagogischen Schriften aus der Periode der nationalsozialistischen Herrschaft an. Er war überzeugt, daß sein militärpädagogischer Ansatz auch unter den veränderten staatlichen Bedingungen fruchtbar war, und so schickte er seine 1942 verfaßte Broschüre "Die geistige Führung der Truppe" an das Referat für "Innere Führung" der Dienststelle Blank zur Auffüllung der dortigen Handbibliothek, wobei er im Begleitschreiben vom 15. Mai 1952 scheinbar arglos formulierte: "Ich habe es flüchtig noch einmal angesehen und nichts gefunden, was nicht seine Gültigkeit behalten hat, wenn es auch natürlich in unsere Verhältnisse übertragen werden muß" (Archiv FR; N 488/1, Bl.45).

Erich Weniger, der nicht nur Reformer sein wollte, sondern dies auch tatsächlich war, vertrat mit Graf von Baudissin zusammen maßgeblich das Konzept "Staatsbürger in Uniform" bzw. "Bürger in Uniform" (Baudissin 1992). Er wollte damit hervorheben, daß der Waffendienst für den Bürger ein Recht zur Selbstverteidigung darstellte. Zugleich galt ihm dieses Recht als Pflicht im Rahmen der politischen "Verantwortung" des Bürgers. Wehrdienst wurde damit als Teil der staatsbürgerlichen Existenz aufgefaßt. Deshalb strebte er auch an, das Militär in den Staat zu integrieren, denn es sollte keine politische Eigendynamik annehmen. Die Soldaten sollten nämlich an das "glauben", wofür sie kämpften. Zugleich wandte er sich aber auch gegen eine "allzustarke Kritik" an den Streitkräften, weil er fürchtete, dies könnte zu einer Gleichgültigkeit gegenüber den "Grundlagen der Demokratie" führen. Diese Befürchtung, die er noch 1959 hegte, nachdem die Bundeswehr schon drei Jahre bestanden hatte, deutet zumindest an, daß er das Prinzip der Rückkopplung des Militärs an den demokratischen Rechtsstaat damals als noch nicht gesichert ansah (1959, S. 350, 353 f., 374; 1953a, S. 58 f., 65; 1953b, S. 158; 1953c, S.397, 399; 1955, S.2). Politische Erziehung und Bildung fungierten in Wenigers Theorie als maßgebliche Mittel, die angestrebte Integration von Militär und zivilem Staat zu erreichen. Den Berufsschulen und den höheren Schulen, in denen die Jugendlichen unmittelbar vor Absolvierung ihres Wehrdienstes unterrichtet wurden, stellte Weniger die Aufgabe, ein grundsätzliches politisches Verständnis für die Streitkräfte zu vermitteln. Da andererseits der Soldat während seines Militärdienstes Bürger bleibe, müsse auch in dieser Zeit die politische Bildung fortgesetzt werden. Der Militärdienst sei ein neuer Erfahrungsbereich und schaffe neue politische Einsichten, die der geistigen Einordnung bedürften. Der Erfolg des politischen Unterrichts hänge wesentlich vom "Geist der Truppe" ab, der nicht im Widerspruch zu den erklärten Zielen stehen dürfe (1953b, S. 160 und 1955, S. 2 f.). Wie noch in anderen Zusammenhängen bezog sich Weniger zur Bekräftigung seiner Argumentation ausdrücklich auf die - vom ihm selbst konzipierte! - Bundeswehr-Empfehlung des "Deutschen Ausschusses" von 1956 (1956, S. 579; 1959, S. 352-354; Ausschuß 1957).

Erich Weniger war unter den großen geisteswissenschaftlichen Pädagogen nicht der einzige, der Militär und Krieg befürwortete. Er war allerdings derjenige, der dies uneingeschränkt und in erheblichem Umfang tat. Es gelang ihm jedoch nicht, seinen theoretischen Ansatz auf einen strengen Begriff von Militärpädagogik zu bringen. So läßt sich möglicherweise zusammenfassend feststellen: Der Göttinger Erziehungswissenschaftler erwies sich als ein begeisterter Militär, und aus diesem Motiv heraus versuchte er, eine militärpädagogische Theorie zu entwickeln. Er hat zwar relativ viele Publikationen zur militärpädagogischen Thematik vorgelegt, aber doch keine in sich geschlossene und stringente Theorie. Ich möchte zum Schluß meine Überlegungen in fünf Thesen zusammenfassen:

1. Weniger hat sich mit der Militärpädagogik in drei verschiedenen politischen Epochen beschäftigt: In der Phase der Weimarer Republik, in der Zeit der nationalsozialistischen Herrschaft und schließlich in der Bundesrepublik.
2. In Bezug auf die Wehrmacht tat er so, als ob das Militär außerhalb des Staates existierte und "innere Emigration" gewährte, obwohl die Wehrmacht doch tatsächlich eine Institution im Dienst des nationalsozialistischen Staates war. Er hatte keine Bedenken, die Verbesserung der Wehrmacht auf pädagogischem Weg anzustreben.
3. Weniger gehörte nachweislich nicht zum Widerstand des "20. Juli", auch wenn er dies nach 1945 u.a. im Entnazifizierungsverfahren behauptet hat.
4. Die Militärpädagogik soll sich nach Wenigers Ansicht auf Erfahrung gründen. Diese sieht er adäquat dargestellt in der Literatur Ernst Jüngers. Der Krieg wird von Weniger wie von Jünger als ein faszinierendes Erlebnis empfunden.
5. Es stellt sich die Frage, ob es pädagogisch zu verantworten ist, wenn Militär und Krieg so ungehemmt gut geheißen werden, wie dies bei Erich Weniger der Fall ist.

Quellen und Literatur

Quellen (Erich Weniger):

Archiv FR: Bundesarchiv - Militärarchiv - Freiburg i.Br.: Bestand N 488 (Erich Weniger) und Bestand BW 27 (Bundeswehr)

1920: Rezension: Henke, Karl: Infanterie-Regiment Bremen im Felde 1914 bis 1918. Bremen 1919. In: Die Schwarzburg. Hochschulmonatsschrift. Jg. 2 (1920). H. 10/11, S. 213

1926a: Die Grundlagen des Geschichtsunterrichts. Untersuchungen zur geisteswissenschaftlichen Didaktik. Leipzig, Berlin 1926 [Habilitationsschrift]

1926b: Die Theorie des Geschichtsunterrichts seit 1914. In: Die Erziehung. Jg. 1 (1926). S. 159-170

1929: Theorie und Praxis in der Erziehung. In: Die Erziehung. Jg. 4 (1929). S. 577-591

1930: Das Bild des Krieges. Erlebnis, Erinnerung, Überlieferung. In: Die Erziehung. Jg. 5 (1930). S. 1-21

1936: Bücher über Soldatentum und Wehrerziehung. In: Deutsche Zeitschrift. 49.Jahrgang des Kunstwarts. H.9/10, Juni/Juli 1936, S. 397-400

1938: Wehrmachtserziehung und Kriegserfahrung. Berlin 1938

1940: Goethe und die Generäle. In: Jahrbuch des Freien Deutschen Hochstifts Frankfurt a.M. 1936-1940. Hrsg. von Ernst Beutler. Halle a. d. S. 1940. S. 408-593

1941: Führerauslese und Führereinsatz im Kriege und das soldatische Urteil der Front. II. Teil: Der Feldherr als Erzieher. In: Militärwissenschaftliche Rundschau. Jg. 1941. H. 3 (Sept. 1941), S. 198-206

1942: Die geistige Führung der Truppe. (Kiel 1942, 39 S.)

1944: Die Erziehung des deutschen Soldaten. Paris 1944

1949: Zur Vorgeschichte des 20. Juli 1944. Heinrich von Stülpnagel. In: Die Sammlung. Jg. 4 (1949), S. 475-492

1950: Philosophie und Bildung im Denken von Clausewitz. In: Schicksalswege deutscher Vergangenheit. Festschrift für Siegfried Kähler zum 65. Geburtstag. Düsseldorf 1950. S. 123-143

1952: Die Eigenständigkeit der Erziehung in Theorie und Praxis. Weinheim/Bergstr. o.J. (1952)

1953a: Bürger in Uniform. In: Die Sammlung. Jg. 8 (1953). S. 57-65

1953b: Thesen als Vorbericht über die Aufgaben der politischen Erziehung in der Truppe. In: Die Sammlung. Jg. 8 (1953). S. 158-160

1953c: Bürger in Waffen (Ein Nachwort). In: Die Sammlung. Jg. 8 (1953). S. 396-399

1955: Die europäische Verteidigung und ihre Bedeutung für die pädagogischen Aufgaben in der Berufserziehung. In: Mitteilungen für die Bergberufsschulen der Westfälischen Bergewerkschaftskasse. Nr. 2 vom 4. 3. 1955, S. 1-8

1956: Die Erziehung des Soldaten. In: Die Sammlung. Jg. 11 (1956). S. 577-580

1959: Die Gefährdung der Freiheit durch ihre Verteidiger. In: Schicksalsfragen der Gegenwart. Handbuch politisch-historischer Bildung. Hrs. vom Bundesministerium für Verteidigung, Innere Führung. Bd. 4: Nationale und übernationale Wirklichkeiten. Tübingen 1959. S. 349-381

1960: Soldatische Tradition in der Demokratie. In: Die neue Gesellschaft. Jg. 7 (1960). H. 1, S. 196-203

Literatur:

Ausschuß 1955: Deutscher Ausschuß für das Erziehungs- und Bildungswesen: Empfehlungen und Gutachten. Folge 1. Stuttgart 1955

Ausschuß 1957: Deutscher Ausschuß für das Erziehungs- und Bildungswesen: Empfehlungen und Gutachten. Folge 2. Stuttgart 1957

Baudissin 1992: Baudissin, Wolf Graf von: Zum Konzept der Inneren Führung - in dankbarer Erinnerung an Erich Weniger. In: Bildung 1992. S. 163-171

Beutler 1988: Beutler, Kurt: Die Erziehungswissenschaft in der Weimarer Republik und die Frage ihrer Anfälligkeit für den Faschismus. In: Forum Wissenschaft. Studienheft 5. Marburg 1988. S. 43-45

Beutler 1989: Beutler, Kurt: Deutsche Soldatenerziehung von Weimar bis Bonn. Erinnerung an Erich Wenigers Militärpädagogik. In: päd. extra & demokratische erziehung. Jg. 2 (1989). H. 7/8, S. 47-53

Beutler 1995: Beutler, Kurt: Geisteswissenschaftliche Pädagogik zwischen Politisierung und Militarisierung - Erich Weniger. Frankfurt a. M., Bern (Peter Lang Verlag) 1995

Herbart 1952: Die Pädagogik Herbarts. Allgemeine Pädagogik aus dem Zweck der Erziehung abgeleitet. Vorwort von Herman Nohl. Weinheim 1952

Jünger 1929: Jünger, Ernst: Feuer und Blut. Leipzig o. J. (1929)

Messerschmidt 1986: Messerschmidt, Manfred: Grundzüge der Geschichte des preußisch-deutschen Militärs. In: Militärische Sozialisation. Hrsg. von Hans-Jochen Gamm. Darmstadt 1986. S. 17-57

Schramm 1966: Schramm, Wilhelm von: Aufstand der Generale. Der 20. Juli in Paris. Neuausgabe, München 1966

Schwenk 1968: Schwenk, Bernhard: Erich Weniger - Leben und Werk. In: Geisteswissenschaftliche Pädagogik am Ausgang ihrer Epoche - Erich Weniger. Hrsg. von Ilse Dahmer und Wolfgang Klafki. Weinheim, Berlin 1968. S. 1-33

Siemsen 1995: Siemsen, Barbara: Der andere Weniger. Eine Untersuchung zu Erich Wenigers kaum beachteten Schriften. Frankfurt a.M., Bern (Peter Lang Verlag) 1995

Uwe Hartmann

Erich Wenigers Militärpädagogik

1 Einleitung

Krieg als ein Instrument der Politik oder, in den Worten des preußischen Generals Carl von Clausewitz, „Krieg als eine Fortsetzung des politischen Verkehrs mit Einmischung anderer Mittel"[1], ist in die Weltpolitik zurückgekehrt. Zwar gibt es insbesondere zwischen den Vereinigten Staaten von Amerika und der Mehrzahl ihrer europäischen Verbündeten noch deutliche Auffassungsunterschiede über den Stellenwert des Militärischen im Gesamtarsenal politischer Mittel; doch besteht Konsens, dass es politische Situationen gibt, in denen der Einsatz militärischer Gewalt politisch geboten sein kann.

In Deutschland haben die Terroranschläge vom 11. September 2001 eine Entwicklung beschleunigt, die schon durch die deutsche Beteiligung an den militärischen Operationen im Kosovo 1999 eingeleitet wurde: die Neuausrichtung der deutschen Außen- und Sicherheitspolitik. Deutschland ist weltweit nach den Vereinigten Staaten von Amerika der größte Truppensteller für internationale Friedenseinsätze. 1998 war die Bundeswehr mit rund 2.800 Soldaten lediglich in Bosnien-Herzegowina und in Georgien engagiert, um den Frieden zu sichern. Heute sind rund 10.000 Soldaten in multinationalen Einsätzen engagiert, vor allem auf dem Balkan, in Afghanistan und im Rahmen der Operation ENDURING Freedom zur Bekämpfung des internationalen Terrorismus.

Diese Entwicklung in der deutschen Außen- und Sicherheitspolitik spiegelt sich in einem gestiegenen gesellschaftlichen Interesse an den politischen und ethischen Fragen von Krieg und Kriegsführung wider. In diesem Zusammenhang stellt sich nicht nur für die Bundeswehr, sondern auch für Politik und Gesellschaft die Frage, wie Soldaten auf ihre nicht nur gefährlichen,

---

[1] Clausewitz, C. von: Vom Kriege, Bonn 1991, S. 990

sondern überaus schwierigen Aufgaben in den Einsätzen bestmöglich vorbereitet werden können.²

Am Beispiel der Militärpädagogik Erich Wenigers wird die These vertreten, dass die Erziehungswissenschaften – ohne ihre kritische Relevanz zu mindern – einen wichtigen Beitrag leisten können, um die gesellschaftliche Integration der reformierten Bundeswehr als „Armee im Einsatz" sicherzustellen, ihre organisatorisch-strukturelle Leistungsfähigkeit zu verbessern und die Verantwortungsbereitschaft des einzelnen Soldaten bei der Sicherung des Friedens in der Welt zu erhöhen.

2 Erich Wenigers Militärpädagogik im nationalsozialistischen Deutschland

Wer sich mit Erich Weniger (1894 – 1961) beschäftigt, steht schnell vor der Frage, warum ein Universitätsprofessor, der auf dem Gebiet der Allgemeinen Pädagogik arbeitete und zu den Mitbegründern der die erziehungswissenschaftliche Diskussion bis in die 60er Jahre dominierenden Geisteswissenschaftlichen Pädagogik zählte, sich mit der Spezialdisziplin der Militärpädagogik beschäftigte und ihr in seinen Publikationen einen erstaunlich breiten Raum widmete. Mehrere Gründe sind dafür plausibel. Zum einen bot die Beschäftigung mit militärpädagogischer Theorie für Weniger die Möglichkeit, sich mit dem eigenen Kriegserlebnis im I. Weltkrieg auseinanderzusetzen. In einem Aufsatz aus dem Jahre 1930 hatte Weniger auf die Schwierigkeiten der Bewältigung des Kriegserlebnisses insbesondere der 17 – 25jährigen Kriegsteilnehmer hingewiesen. Für diese bedeutete der I. Weltkrieg eine schwere psychische Erschütterung, die, wie Weniger schrieb, in der Phase „ihrer eigentlichen Bildsamkeit" passierte.³ Welche Schwierigkeiten auch Weniger, der als 20jähriger Soldat wurde, mit dieser Erschütterung hatte, zeigten dessen

---

² Florian, H. (ed.): Military Pedagogy - an International Survey. Frankfurt a.M. 2002.; zu Erich Weniger siehe Hartmann, U.: Erich Wenigers Militärpädagogik und ihre aktuelle Rezeption innerhalb der Erziehungswissenschaft. Beiträge aus dem Fachbereich Pädagogik, Universität der Bundeswehr Hamburg, 1/1995; ders., Erich Weniger. In: Bald, D., Hartmann, U., von Rosen, Claus (Hrsg.): Klassiker der Pädagogik im deutschen Militär, Baden-Baden 1999, S. 188-209
³ Weniger, Erich: Das Bild des Krieges. In: Die Erziehung, 5. Jg. (1930), S. 16.

Probleme bei der Rückkehr in das zivile Leben. So gehörte Weniger zu den ehemaligen Soldaten, die noch Monate nach Kriegsende in den sog. „Freikorps" kämpften. Und selbst 20 Jahre später wies Weniger in seinem Buch „Wehrmachtserziehung und Kriegserfahrung" darauf hin, dass er dieses Buch auch als Bewältigung seines eigenen Kriegserlebnisses verstünde.[4]
Zum zweiten war die Arbeit an einer militärpädagogischen Theorie schon innerhalb der Geisteswissenschaftlichen Pädagogik angelegt gewesen. Erste militärpädagogische Theorieansätze finden sich übrigens schon bei Wilhelm von Humboldt, dessen Bildungstheorie von den preußischen Militärreformern Gerhard von Scharnhorst und Carl von Clausewitz für die Reform des Erziehungs- und Bildungswesens der preußischen Armee genutzt wurde.[5] Es war dann kein geringerer als Herman Nohl, der 1915 die wissenschaftliche Pädagogik zur Erarbeitung einer Militärpädagogik aufforderte. Nohl war in diesem Jahr zum Kriegsdienst einberufen worden und musste zunächst die militärische Grundausbildung absolvieren. Darin erfuhr er das genaue Gegenteil von dem, was er später in seiner Theorie des pädagogischen Bezuges formulierte, nämlich eine unüberbrückbare soziale Distanz zwischen Vorgesetzten und Mannschaftsdienstgraden sowie die Anwendung von nur negativen pädagogischen Mitteln wie Furcht, Drohung, Zwang und Gewalt. Angesichts dieser Mißstände wandte sich Nohl ratsuchend an die Pädagogik und stellte fest, dass „... es in keiner Pädagogik das Kapitel Militärpädagogik gibt." Seine Schlussfolgerung war eindeutig: „Es wird das die erste Forderung sein: in die Pädagogik dieses Problem einzuführen und es mit den Mitteln der modernen Pädagogik zu behandeln".[6] Wichtig ist hierbei, dass Nohl Militärpädagogik als Teil der Allgemeinen Pädagogik definierte. Dabei stellte er das Wohl des Subjekts, hier also des Soldaten, in den Vordergrund. Nohl sah darüber hinaus

---

[4] Weniger, E.: Wehrmachtserziehung und Kriegserfahrung, Berlin 1938, S. VIII.
[5] Zu militärpädagogischen Aussagen bei Wilhelm von Humboldt siehe Wilhelm von Humboldt, Werke in fünf Bänden; Bd. 1: Schriften zur Anthropologie und Geschichte, hrsg. von A. Flitner und K. Giel, Darmstadt ²1969, S. 95-102; zu den Militärreformern Scharnhorst und Clausewitz siehe Bald, D., Hartmann, U., von Rosen, Claus (Hrsg.): Klassiker der Pädagogik im deutschen Militär, Baden-Baden 1999; Hartmann, U.: Carl von Clausewitz. Erkenntnis-Bildung-Generalstabsausbildung, Landsberg a.L. 1998.
[6] Nohl, H., "Notizen bei Beginn meiner Militärzeit" in: Blochmann, E.: Herman Nohl in der pädagogischen Bewegung seiner Zeit. 1879-1960, Göttingen 1969, S. 76f.

auch die gesellschaftskritische Dimension von Militärpädagogik: Ziel müsse es sein, den deutschen Militarismus zu besiegen. Und er war fest davon überzeugt, dass eine moderne Militärpädagogik die Leistungsfähigkeit selbst der als überaus professionell bewerteten kaiserlichen Armee gestärkt hätte.[7]
Der Wunsch nach einer Verarbeitung des eigenen Kriegserlebnisses sowie die innerhalb der Geisteswissenschaftlichen Pädagogik angemahnte Aufgabe, eine Militärpädagogik zu erarbeiten, sind jedoch nicht hinreichend, um Wenigers überaus intensive Beschäftigung mit Militär und Militärpädagogik zu erklären. Es musste noch ein eher äußerer Anlass hinzukommen, und das war das Berufsverbot, das die Nationalsozialisten 1933 gegen Weniger verhängten.[8] Nach Verlassen der Universität hatte Weniger auf der für ihn bereitgestellten Studienratsstelle im Schuldienst nur vergleichsweise geringe pädagogische Wirkungsmöglichkeiten. 1935, mit Einführung der Allgemeinen Wehrpflicht, bot sich die Wehrmacht als neues Betätigungsfeld mit vergleichsweise hoher pädagogischer Wirksamkeit an.
Mit diesem fundamentalen Richtungswechsel von Universität und Schule zum Militär wollte Weniger wohl kaum den Weg des geringsten Widerstandes gehen; es gibt auch keine Belege dafür, dass sich Weniger für nationalsozialistische Ziele einspannen lassen wollte. Weniger ging – darin ganz dem Denkansatz der Geisteswissenschaftlichen Pädagogik verhaftet – vielmehr davon aus, dass die Wehrmacht neben der pädagogischen Wirksamkeit auch die pädagogische Autonomie am ehesten von allen Organisationen im nationalsozialistischen Staat gewährleisten konnte. Aus seiner Sicht war die Wehrmacht aufgrund ihrer Verwurzelung in der preußisch-deutschen Militärtradition und aufgrund ihrer verbliebenen organisatorischen Autonomie noch am ehesten Ort partieller Opposition und potentiellen Widerstandes gegen das nationalsozialistische Gewaltregime.[9] Andererseits dürfte sich gerade der Nohl-Schüler Weniger darüber im klaren gewesen sein, dass es nicht einfach werden würde, gegen die preußische Tradition der Disziplinarerziehung durch

---

[7] Ebd.
[8] Schwenk, B.: Erich Weniger – Leben und Werk. In: Dahmer, I., Klafki, W. (Hrsg.): Geisteswissenschaftliche Pädagogik am Ausgang ihrer Epoche – Erich Weniger, Weinheim und Berlin 1968, S. 1 und 17ff.
[9] Salewski, M.: Die bewaffnete Macht im Dritten Reich, München 1983, S. 44ff.

Drill[10] – von Offizieren als probates Allheilmittel geschätzt – und gegen die geringe Aufgeschlossenheit der Offiziere für pädagogische Fragen anzukämpfen – und das ohne bürokratische Machtbefugnisse, nur mit der Kraft des Wortes.
Weniger verfolgte mit seinen militärpädagogischen Schriften nicht die Absicht, Krieg zu verherrlichen und die Jugend in den nächsten Krieg zu treiben. Vielmehr war es seine Absicht, durch die Clausewitz'sche Analyse der Wirklichkeit des Krieges tradierte militärische Ideologien zu zerstören und den Offizieren pädagogische Grundsätze für eine möglichst gute Erziehung und Ausbildung der Soldaten an die Hand zu geben.[11]
Zwei traditionelle ideologische Konzepte des soldatischen Selbstbildes, die Weniger zerstören wollte, sollen hier kurz skizziert werden. Das eine ist der Glaube an die „Gnade der soldatischen Geburt", die ein elitäres Standesdünkel der Berufssoldaten zur Folge hatte und die Legitimation dafür bildete, „Wehrpflichtige" durch Entpersönlichung, durch eine Disziplinarerziehung mit härtestem Drill, Schikane und systematischer Anwendung der "Normenfalle" von ihren mitgebrachten zivilen Verhaltensweisen zu „befreien". Zum anderen betonte Weniger immer wieder, dass in Extremsituationen wie denen des Krieges Menschen über sich hinauswachsen könnten, d.h. von deren Vorgesetzten so nicht vermutete Fähigkeiten und Einstellungen zeigten. Mit dieser Entideologisierung des soldatischen Selbstbildes wollte Weniger nachweisen, daß eine Förderung der Persönlichkeitsentwicklung des Soldaten auch im Frieden möglich und angesichts der Anforderungen, die der moderne Krieg stellt, auch notwendig ist.
Weniger entwickelte dazu militärpädagogische Grundsätze, die eine Applikation des pädagogischen Grundgedankenganges der Geisteswissenschaftlichen Pädagogik auf die Wehrmacht darstellten. Den darin zentralen Gedanken der Antizipation nahm Weniger mit der Forderung auf, dass die soldatische Erziehung den Anforderungen, die ein künftiger Krieg an Soldaten stellen würde, weitestmöglich entsprechen sollte. Angesichts von Komplexität und

---

[10] Ein Protagonist von Disziplinarerziehung ist Altrichter, F.: Das Wesen der soldatischen Erziehung, Oldenburg i.O./Berlin 1935
[11] Dazu sollte insbesondere Wenigers Buch "Wehrmachtserziehung und Kriegserfahrung", Berlin 1938 dienen.

Dynamik moderner Kriege forderte Weniger eine Erziehung des Soldaten zur Verantwortung.

Weniger thematisiert die Erziehung zur Verantwortung im Rahmen des Konzeptes der „Kampf- oder Erziehungsgemeinschaft"[12]. Darin finden sich Aussagen zum denkenden Gehorsam, zu selbständigem Handeln sowie zur Kooperation von Führer und Geführten. Sie enthält sogar die Idee des Widerstandes, wenn Weniger schreibt: Durch soldatische Erziehung zur Verantwortung wisse sich "... jeder Mann ... der Aufgabe gegenüber persönlich verantwortlich, nicht mehr nur ... dem Führer in der Gefolgschaft, nicht nur durch die Bindung des Eides und nach der Stärke seines Pflichtgefühls, sondern in dem vollen Ergreifen der Aufgabe selbst, also aufs Ganze gesehen der Mission der Wehrmacht für Volk und Staat".[13]

Nach der Kategorisierung von Helmut Danner entspricht Wenigers Verantwortungsbegriff der „existentiellen Verantwortung"[14]. Diese fordert das selbständige Handeln nach selbstgesetzten hohen ethischen Maximen in Situationen, in denen keine Normvorgaben bestehen. In der preußisch-deutschen Militärtradition gibt es dafür das Konzept der Auftragstaktik, das noch heute in der Bundeswehr gültig ist und von vielen befreundeten Nationen mehr oder weniger erfolgreich übernommen wurde. Weiterhin könne soldatische Verantwortung auch Widerspruch und sogar Widerstand implizieren, wenn Befehle den selbstgesetzten hohen ethischen Maximen nicht genügen.

Der militärpädagogische Grundgedankengang bei Weniger beruht auf einem Bild des Soldaten, der aus Verantwortung für Volk und Staat sowie vor seinem Gewissen handelt. Die soldatische Erziehung zielt letztlich auf die Bereitschaft ab, Verantwortung für die eigene Ausbildung und Erziehung zu übernehmen, im Krieg – auf sich gestellt oder in der militärischen Gruppe – initiativreich und selbständig zu kämpfen und ggf. Widerstand gegen die politisch-militärische Führung zu leisten.

Inhaltlich stellt der militärpädagogische Grundgedankengang die militärische Gruppe und die Persönlichkeitsentwicklung des einzelnen Soldaten innerhalb dieser Gemeinschaft in den Mittelpunkt. Weniger berücksichtigt dabei auch die

---

[12] Weniger, E.: Wehrmachtserziehung und Kriegserfahrung, Berlin 1938, S. 133 ff.
[13] Weniger, E.: Wehrmachtserziehung und Kriegserfahrung. a.a.O., S. 133 f.
[14] Danner, H.: Verantwortung und Pädagogik, Königstein/Ts. ²1985.

organisatorische und gesellschaftliche Dimension von Pädagogik. Durch die Aufgabe der Militärpädagogik, den Einzelnen in der Wahrnehmung existentieller Verantwortung zu fördern, und durch dessen Einbindung in eine von ihrer Aufgabe überzeugte militärische Gemeinschaft möchte er das Individuum vor Funktionalisierung und Objektivierung durch die Militärorganisation und vor Ideologisierung durch Staat und Gesellschaft schützen. Der militärpädagogische Grundgedankengang bei Weniger ist damit Ausdruck und Anspruch der postulierten Autonomie von Pädagogik – innerhalb der Wehrmacht als Militärorganisation sowie gegenüber dem Nationalsozialismus.

Letztlich war Weniger mit seiner militärpädagogischen Arbeit für die Wehrmacht nicht erfolgreich. Sein Buch fand wenig Resonanz bei den Offizieren, die häufig weder das Interesse noch die Bildungsvoraussetzungen besaßen, um Wenigers Militärpädagogik zu verstehen. Sodann war in der Aufbau- und Kriegsvorbereitungsphase der Wehrmacht der Schwerpunkt bei der Ausbildung für die neuen Waffensysteme und Einsatzgrundsätze, nicht jedoch bei pädagogischen Konzepten.

Aus unserer heutigen Sicht hatte Wenigers Militärpädagogik zumindest zwei Defizite. Zum einen hat Weniger die Gewissensfreiheit nicht stark genug gegenüber der Bindung durch Pflicht und traditionelle soldatische Werte betont. Wie andere nationalkonservative Kräfte verortete er das Widerstandspotential eher im traditionellen Soldatentum statt in selbstgesetzten hohen ethischen Maximen. Auch die starke Betonung des Gemeinschaftsgedankens trug dazu bei, dass individuelle Wertmaßstäbe gegenüber der Gruppenzugehörigkeit – insbesondere in den Grenzsituationen des Krieges – an Gewicht verloren. Zum anderen hatte sich Weniger kaum mit der politischen Erziehung des Soldaten auseinandergesetzt. Die von der NSDAP gesteuerte und kontrollierte politische Erziehung in der Wehrmacht sollte den Soldaten zum völkischen Kämpfer indoktrinieren, der – ohne jegliche Bindung an selbstgesetzte oder überlieferte ethische Maximen – bedingungslos gehorcht und aus der NS-Ideologie seine soldatische Motivation gewinnt. Wenigers Militärpädagogik, insbesondere sein Konzept der Erziehungsgemeinschaft, stellt zwar den Versuch dar, mit pädagogischen Mitteln einen Damm gegen die Indoktrinationsbemühungen der NS-Führung aufzubauen. Die von Jahr zu Jahr zunehmende Ideologisierung der

Wehrmacht und der geringe Widerstand selbst höherer Offiziere zeigt indessen, dass eine auf soldatischer Tradition beruhende Erziehung zum Unpolitischen nicht ausreicht, um der Verantwortung für Volk und Vaterland auch als Soldat gerecht zu werden.
Insgesamt zeichnet sich Wenigers Militärpädagogik vor 1945 durch eine Überschätzung der Widerstandskraft konservativer Militärtradition sowie der Reformkraft pädagogischen Handelns im Militär dar. Die geisteswissenschaftliche Idee der pädagogischen Autonomie in Gesellschaft und Militär scheiterte schnell an dem von der politischen und militärischen Führung gesetzten bedingungslosen Macht- und Gehorsamsanspruch.

3 Erich Wenigers Pädagogik für die neuen deutschen Streitkräfte in der Bundesrepublik Deutschland

Unmittelbar nach dem Beginn der öffentlichen Diskussion über einen deutschen Militärbeitrag zur Verteidigung Westeuropas Anfang der 50er Jahre hat sich Weniger wieder mit militärpädagogischen Aufgabenstellungen beschäftigt. Ab 1952 hat er dem Militärreformer Wolf Graf von Baudissin, der im Amt Blank für die Ausarbeitung der neuen inneren Verfassung der Streitkräfte verantwortlich war, beraten und in den teilweise heftigen Diskussionen im Amt selbst, aber auch in der Öffentlichkeit unterstützt.[15]

So hat Weniger an mehreren „Siegburger Tagungen", die zwischen 1952 und 1954 an der Bundesfinanzschule in Siegburg unter der Leitung Baudissins durchgeführt wurden, als Referent teilgenommen und in den Projektgruppen insbesondere zu den „Leitsätzen für die soldatische Erziehung" mitgearbeitet. Weiterhin hat er an den Beratungen über die Zusammenstellung des wissenschaftlichen Forschungs- und Lehrstabes der Schule der Bundeswehr für Innere Führung teilgenommen. Er war von 1955-58 Mitglied des Personalgutachterausschusses, wurde 1958 in den ersten „Beirat für Fragen der

---

[15] Wenigers Engagement beim Aufbau neuer deutscher Streitkräfte und seine intensive Zusammenarbeit mit Wolf Graf von Baudissin sind ausführlich dargestellt in Hartmann, U.: Erziehung von Erwachsenen als Problem pädagogischer Theorie und Praxis, Frankfurt/M. 1994, S. 240-280.

Inneren Führung" gewählt und arbeitete im Deutschen Ausschuss für das Erziehungs- und Bildungswesen, insbesondere im Unterausschuss Militärische Erziehung, mit.

Bis zu seinem Tode im Jahre 1961 hat Weniger eine Vielzahl von kurzen Abhandlungen zur pädagogischen Theorie und Praxis in den neuen Deutschen Streitkräften, zum Leitbild des Soldaten und zum Reformkonzept Innere Führung vorgelegt[16].

Aus einem Schreiben Baudissins an Weniger vom 16.10.53 geht hervor, wie weit die Übereinstimmung der beiden Militärreformer in militärpädagogischen Fragen reichte: „Schon längst hätte ich Ihnen geschrieben und nochmals gedankt für die große sachliche Hilfe und die persönliche Bestätigung, die Sie mir wieder in Siegburg gaben. Es ist trostreich und erstaunend zugleich, wie man von verschiedenen Standpunkten aus zu gemeinsamer Schau der Dinge kommt."[17] Dass es sich hierbei nicht um alte Konzepte aus der Wehrmacht handelte, sondern um etwas Neues, wird aus der programmatischen Absicht deutlich, die Baudissin in der Himmeroder Denkschrift verankern konnte. Darin steht, es gelte, „... ohne Anlehnung an die Formen der alten Wehrmacht heute etwas *grundlegend Neues* zu schaffen..."[18].

Weniger war sich über den Mißbrauch von Wehrmacht und Militärpädagogik durch den Nationalsozialismus im klaren. Er zog daraus jedoch nicht die Konsequenz, die Mitverantwortung von Pädagogen für den Aufbau neuer deutscher Streitkräfte zu negieren. Vielmehr wollte er verhindern, dass Pädagogen zu spät aktiv werden und damit den Militärs das Feld überlassen, wie es 1919 schon einmal erfolgt war.[19]

Mit seinem Engagement für die neuen deutschen Streitkräfte ergriff Weniger die Gelegenheit, Defizite seiner eigenen, während der Zeit des Nationalsozialismus entwickelten militärpädagogischen Theorie aufzuheben. In

---

[16] Schwenk, B., Schwenk, H.,: Bibliographie Erich Weniger. In: Dahmer, I., Klafki, W. (Hrsg.): Geisteswissenschaftliche Pädagogik am Ausgang ihrer Epoche – Erich Weniger, Weinheim und Berlin 1968, S. 299-324.

[17] BA/MA N 488/1, 34. Siehe auch Hartmann, Erich Wenigers Militärpädagogik, a.a.O., S. 29.

[18] Himmeroder Denkschrift in Rautenberg, H.J., Wiggershaus, N.: Die "Himmeroder Denschrift" vom Oktober 1950, Karlsruhe 1977, S. 53.

[19] Brief Wenigers an J.E. Seifert vom 06.05.1952 in BA/MA N 488/1, 49.

seiner *neuen* Militärpädagogik bestimmen Demokratie und das darin inkorporierte Demokratisierungspostulat nicht nur die Legitimation des Wehrdienstes, sondern auch die Organisationsstruktur der Streitkräfte sowie die Beziehungen zwischen Vorgesetzten und Untergebenen. Weniger hat dafür eine Begründung geliefert, die bis heute zentraler Bestandteil der Inneren Führung der Bundeswehr ist. Er sagte schon 1953: „Wenn die politische Verantwortung des Bürgers die Sorge für Freiheit und Recht und für die Sicherung der Menschen- und Grundrechte einschließt, wenn eine wirkliche Ordnung des Miteinanderlebens der Menschen im Geiste der Humanität und der sozialen Gesinnung möglich ist, dann ist es offensichtlich widersinnig, in der Vorbereitung auf die Verteidigung solcher Freiheiten und Rechte diese selber zu suspendieren. Das heißt aber, dass die Streitkräfte aus demselben Geist und aus der gleichen Gesinnung leben müssen, ..., dass sie selber in der Freiheit leben, für die sie notfalls einmal zu kämpfen bereit sind".[20]

Die politische Erziehung des Soldaten erhielt nun eine herausragende Bedeutung in Wenigers Militärpädagogik. Kernproblem war für ihn zunächst die Frage, wie die Deutschen aus der Tradition des Unpolitischen zur verantwortungsvollen Teilhabe an der Demokratie geführt werden könnten. Weniger profilierte sein Konzept der politischen Erziehung in intensiver Auseinandersetzung mit Theodor Wilhelms Konzept der Partnerschaftserziehung. Wilhelm – unter dem Pseudonym Friedrich Oetinger – hat politische Erziehung primär als soziale Erziehung zu Partnerschaft, Kooperation, Verständigung und Konsens in überschaubaren sozialen Einheiten wie Familie, Schule, Jugendbünden und Berufsleben verstanden.[21] Weniger erkannte dies als berechtigte Forderung an, stellte aber auch die Bedeutung des Staates mit seinen Machtmitteln als Gegenstand politischer Bildung heraus.[22] Kenntnisse über Verfassung, Verwaltung, politische Verfahrensweisen und Staatsformen dürften jedoch nicht rein theoretisch vermittelt werden, sondern müssten auch praktisch erlebt werden können. Weniger schrieb dazu: „Kenntnisse bleiben nur haften, wenn sie sich an vorgängige Erfahrungen schließen lassen. Wenn aber Erfahrungen gemacht sind, entsteht das Interesse,

---

[20] Weniger, E.: Bürger in Uniform. In: Die Sammlung, 8. Jg. (1953), S. 60.
[21] Oetinger, F.: Wendepunkte der politischen Erziehung, Stuttgart 1951.
[22] Siehe Hartmann, Erich Wenigers Militärpädagogik, a.a.O., S. 29-35.

das sich die Kenntnisse zu erwerben sucht, deren es jeweils bedarf. So liegt die Aufgabe darin, vorhandene Erfahrungen zu deuten und die im eigenen Lebensraum nicht ohne weiteres gegebenen Erfahrungen nahezubringen."[23] Wenigers Konzept der politischen Erziehung fordert also eine gemeinschaftliche Reflexion der im Militärdienst gesammelten Erfahrungen. Streitkräfte seien dafür ein besonders anschauliches Lernfeld, da der Staatsbürger in der Rolle des Soldaten das Wesen des Politischen und die Praxis partnerschaftlicher Kooperation im militärischen Dienst erleben könne. Die Grenzen der Vereinnahmung des Individuums durch eine staatliche Organisation wie auch die Grenzen partnerschaftlicher Kooperation in zweckbestimmten sozialen Gebilden könnten vor dem Hintergrund konkreter Erfahrungen reflektiert und bestimmt werden. Diese Reflexion sei durchaus kritisch, ginge es doch auch darum, die Sinnhaftigkeit bestimmter militärischer Verhaltensregeln in Organisation, Führung und Ausbildung zu hinterfragen. Letztlich fand Wenigers Ansatz Eingang in die Konzeption der Inneren Führung, und zwar als sog. „Erlebnistherapie" (diesen Begriff nutzte Baudissin[24]) oder, in der heutigen Sprache, als Organisationsentwicklung.

Interessant ist auch der Adressatenkreis, den Weniger für die politische Bildung vorsah. Dies waren eben nicht nur die jungen Soldaten, sondern gerade auch die ehemaligen Berufssoldaten, die in die neuen deutschen Streitkräfte wiedereingestellt werden sollten. Gerade bei denen sah Weniger noch eine stark ausgeprägte Bindung an das Bild des Offiziers, das in Reichswehr und Wehrmacht gepflegt wurde. Dazu schrieb er: „Wir müssen heute auch noch mit einem großen Ressentiment der Berufssoldaten rechnen; es gibt sogar noch Kameraden von uns, die noch in der Zeit vor 50 Jahren verankert sind und die diese Ressentiments nun hineinbringen. Dann gibt es das Reichswehrressentiment, es gibt auch das nationalsozialistische Ressentiment."[25]

---

[23] Weniger, E.: Politische und mitbürgerlicher Erziehung. In: Die Sammlung, 7. Jg. (1952), S. 316f.

[24] Baudissin, W. von: Soldat für den Frieden, hrsg. und eingeleitet von P. von Schubert, München 1969, S. 231 und S. 257.

[25] Weniger, E.: Inhalte und Fromen des politischen Unterrichtes in der Truppe. In: Der deutsche Soldat in der Armee von morgen, hrsg. in Zusammenarbeit mit dem Institut für Europäische Politik und Wirtschaft Frankfurt/M., München 1954, S. 330.

Mit den eben kurz skizzierten militärpädagogischen Überlegungen erzielte Weniger Übereinstimmung mit Baudissin, dem innerhalb des Amts Blank Verantwortlichen für das Reformkonzept Innere Führung. Es gab eigentlich nur einen Streitpunkt, und das war die Frage nach dem Personenkreis, der die politische Erziehung in der Truppe durchführen sollte. Weniger sah dies als Aufgabe für zivile Lehrer, während Baudissin hier die Kompaniechefs in der Verantwortung sah. Mit Hinweis auf die Ganzheitlichkeit der Erlebnistherapie stimmte Weniger schließlich zu.[26]
Neben diesen radikalen Änderungen gibt es in Wenigers militärpädagogischen Überlegungen für die neuen deutschen Streitkräfte aber auch einen Rückgriff auf Grundsätze, die er schon für die Wehrmacht formuliert hatte. Dazu gehört insbesondere sein Kampf gegen die Tradition der Erziehung durch Drill. Drill sei, so Weniger, ein bloßes Ausbildungsmittel und daher auf sachliche Erfordernisse zu begrenzen.[27]

4 Schluss

Abschließend soll die Frage diskutiert werden, welche Wirkung Wenigers Engagement auf den Aufbau neuer deutscher Streitkräfte und ihr inneres Gefüge hatte.
Während Wenigers Auswirkungen auf die militärpädagogische Theorie und Praxis in der Wehrmacht gering blieben, erreichte er eine relative hohe Wirksamkeit in der Ausformulierung des Reformkonzepts Innere Führung. Dies gelang ihm durch seine Beteiligung an wichtigen Ausschüssen, insbesondere aber durch die enge Zusammenarbeit mit Baudissin, der eine Vielzahl von Wenigers Ideen und Konzepten übernahm und von sich aus ähnliche Vorstellungen entwickelte. Diese mündeten schließlich in die Zentrale Dienstvorschaft ZDv 11/1 „Erziehung in der Bundeswehr" aus dem Jahre 1957.

---

[26] Weniger schrieb dazu in einem Brief an Baudissin vom 12.01.1954: "Übrigens, verehrter Graf, möchte ich doch noch einmal ausdrücklich sagen, daß ich mich bekehrt habe insofern, als auch ich jetzt zugeben muß, daß die Verantwortung für die politische Bildung in der Truppe bei der Truppenführung von der Kompanie aufwärts bleiben muß und daß die Aufspaltung der Verantwortung nicht gut ist" (BA/MA N 488/1, 30).
[27] Weniger, E.: Die Erziehung des Soldaten. In: Die Sammlung, 11. Jg. (1956), S. 578

Wengers Einfluss auf die neuen deutschen Streitkräfte war jedoch letztlich abhängig von der bürokratischen Machtstellung Baudissins innerhalb des Amts Blank. Schon im Jahre 1956 setzten sich im Verteidigungsministerium die Traditionalisten endgültig gegenüber den Reformern durch. Erschwerend kam hinzu, dass es Baudissin nicht gelungen ist, das neue pädagogische Handeln, das mit dem Erziehungsbegriff verbunden ist, deutlich zu machen. Blank, Heusinger und dessen ziviler Counterpart, Schirmer, hatten Schwierigkeiten, den zentralen Erziehungsbegriff, mit dem die Reform auf den Begriff gebracht werden sollte, zu verstehen.[28] Für viele Soldaten blieb der militärische Erziehungsauftrag das, was er schon in Reichswehr und Wehrmacht war: eine Erziehung zum Gehorsam. Aufgrund der zunehmenden Marginalisierung von Baudissin innerhalb der Militärbürokratie und dessen Scheitern beim Erklären des militärischen Erziehungsbegriffs war auch Wenigers Einfluss deutlich reduziert worden.

Während Baudissin heute eine relativ hohe, wenn auch nicht unumstrittene Wertschätzung innerhalb der Traditionspflege der Bundeswehr genießt, ist Weniger und sein erheblicher Beitrag zur Formulierung des Reformkonzepts Innere Führung weitgehend in Vergessenheit geraten. Weder im bundeswehrinternen Diskurs über Innere Führung noch innerhalb der Erziehungswissenschaften wurde auf Wengers Militärpädagogik bisher in produktiver Hinsicht zurückgegriffen. Dies ist ein schweres Defizit – für die pädagogische Theorie und Praxis in der Bundeswehr, für das Verhältnis von Streitkräften und Erziehungswissenschaft, und letztlich auch für die Integration von Militär und Gesellschaft.

Insbesondere vor dem Hintergrund der zunehmenden Einsätze der Bundeswehr im Ausland besteht die Notwendigkeit einer intensiven Kooperation von Streitkräften und Erziehungswissenschaft zur Verbesserung der militärpädagogischen Theorie und Praxis. Dass diese keine Theoie sui generis ist, hat Weniger schon 1938 deutlich gemacht. Militärpädagogik ist eine Subdisziplin der Allgemeinen Pädagogik; diese stellt ein kritisches Prinzip dar, das in der Bundeswehr – gerade auch im Hinblick auf ihre neuen Aufgaben – dringend benötigt wird.

---

[28] Siehe hierzu die ausführliche Darstellung in Hartmann, Erziehung von Erwachsenen..., a.a.O., S. 275-280.

Literaturverzeichnis

Altrichter, F.: Das Wesen der soldatischen Erziehung. Oldenburg i.O., Berlin 1935.

Bald, D./Hartmann, U./ von Rosen, C. (Hrsg.): Klassiker der Pädagogik im deutschen Militär. Baden-Baden 1999.

Baudissin, W. v.: Soldat für den Frieden. Schubert, P. v. (Hrsg.). München 1969, S. 231 und S. 257.

Clausewitz, C. v: Vom Kriege. Bonn 1991, S. 990.

Danner, H.: Verantwortung und Pädagogik. Königstein/Ts. 1985^2.

Flitner, A./Giel, K. (Hrsg.): Wilhelm von Humboldt. Werke in fünf Bänden. Bd. 1: Schriften zur Anthropologie und Geschichte. Darmstadt 1969^2, S. 95-102.

Hartmann, U.: Erich Wenigers Militärpädagogik und ihre aktuelle Rezeption innerhalb der Erziehungswissenschaft. Beiträge aus dem Fachbereich Pädagogik. Universität der Bundeswehr Hamburg 1/1995.

Hartmann, U.: Carl von Clausewitz. Erkenntnis-Bildung-Generalstabsausbildung. Landsberg a.L. 1998.

Hartmann, U.: Erziehung von Erwachsenen als Problem pädagogischer Theorie und Praxis. Frankfurt a.M. 1994, S. 240-280.

Nohl, H.: Notizen bei Beginn meiner Militärzeit. In: Blochmann, E.: Herman Nohl in der pädagogischen Bewegung seiner Zeit. 1879-1960. Göttingen 1969, S. 76f.

Oetinger, F.: Wendepunkte der politischen Erziehung. Stuttgart 1951.

Rautenberg, H. J./Wiggershaus, N.: Die "Himmeroder Denschrift" vom Oktober 1950. Karlsruhe 1977, S. 53.

Salewski, M.: Die bewaffnete Macht im Dritten Reich. München 1983, S. 44 ff.

Schwenk, B.: Erich Weniger – Leben und Werk. In: Dahmer, I./ Klafki, W. (Hrsg.): Geisteswissenschaftliche Pädagogik am Ausgang ihrer Epoche – Erich Weniger. Weinheim, Berlin 1968.

Weniger, E.: Das Bild des Krieges. In: Die Erziehung, 5. Jg. (1930), S. 16.

Weniger, E.: Wehrmachtserziehung und Kriegserfahrung. Berlin 1938.

Weniger, E.: Bürger in Uniform. In: Die Sammlung. 8. Jg. (1953), S. 60.

Weniger, E.: Politische und mitbürgerlicher Erziehung. In: Die Sammlung, 7. Jg. (1952), S. 316 f.

Weniger, E.: Inhalte und Formen des politischen Unterrichtes in der Truppe. In: Der deutsche Soldat in der Armee von morgen, hrsg. in Zusammenarbeit mit dem Institut für Europäische Politik und Wirtschaft. Frankfurt a.M., München 1954, S. 330.

Weniger, E.: Die Erziehung des Soldaten. In: Die Sammlung, 11. Jg. (1956), S. 578.

Brief Wenigers an J.E. Seifert vom 06.05.1952 in BA/MA N 488/1, 49.

Alexander Stühmer

Das Verhältnis von Politik und Pädagogik im Werk Herman Nohls

Einleitung

Das Referat leitet sich aus meiner Diplomarbeit ab, die den von Nohl theoretisch postulierten Theorieanspruch der Pädagogik gegenüber der Politik kritisch anhand ausgewählter Werke prüft. Der Schwerpunkt lag dabei auf den unterschiedlichen politischen Systemen, mit denen Nohl im Laufe seines Lebens konfrontiert war und die seine theoretische Arbeit als Philosoph und Pädagoge beeinflußt haben. Unter diesem Aspekt war es von Interesse, welche Entwicklung seine pädagogische Theorie durchgemacht hat, ob sie sich den Systemen angepaßt hat oder an ihnen scheiterte. Da Nohl mit einem methodisch hermeneutisch-dialektischen Vorgehen arbeitete, läßt sich vermuten, dass eine Reflexion auf seine Lebenspraxis in die Leitideen seiner Theorie einfließt. Seine Theorien sind demnach nicht von vornherein unabhängig vom historischen Kontext zu betrachten. Somit ist die Verbindung zwischen Politik als seinem Lebensumfeld und Pädagogik als seinem Handeln hergestellt. Deswegen verbietet es sich für mich, auch wenn es das Thema des Workshops nahe legt, eine Betrachtung der Theorie Nohls rein auf den Nationalsozialismus zu beschränken.

Mythologisierung der Geschichte: Die Deutsche Bewegung als Grundlage seiner Theoriebildung

In der „Deutschen Bewegung" legt Nohl die Geschichte zwischen 1770 und 1880 still und versucht, mit einer Explikation des überzeitlichen Sinns ein Ideal herauszuarbeiten.[1] Dieses, sein erstes Werk, „Die Deutsche Bewegung" (1908) zeigt die Nähe zu seinem Lehrer Wilhelm Dilthey.[2] Im Gegensatz zu Dilthey sieht er die Deutsche Bewegung aber nicht als abgeschlossen, sondern als offen an.[3] Nohls methodische Vorgehensweise ist eine ins Ideal abstrahierende historisch-hermeneutische Erfassung der Dynamik einer kulturellen Bewegung. Diese Bewegung wird mit seiner Auffassung vom „Deutschsein" verbunden, die später noch erläutert wird. Damit bildet die Deutsche Bewegung inhaltlich die Grundlage für sein an den deutschen Staat gebundenes politisches Denken.[4] Seine „Theorie-Geschichte" und seine theoretisierte Lebenserfahrung stehen in einem unmittelbaren Zusammenhang. (Die Kritik, dass Nohl in seiner Geschichtsauffassung einem Mythos aufgesessen ist, mag berechtigt sein und läßt Vermutungen über eine strukturelle Inkonsequenz zu, das ist aber in diesem Vortrag nicht Gegenstand der Betrachtung.)

In der Deutschen Bewegung baut er eine Lebensphilosophie auf, in der das Leben selbst etwas Überzeitliches darstellt.[5] Nohl arbeitet mit einem Dualismus zweier Pole, den er als Dualismus der Seele bezeichnet: Notwendigkeit & Freiheit, Vater & Zögling, aktiver & passiver Mensch.[6] Erst in seiner späteren Entwicklung entwickelt er den Gedanken einer Wechselbeziehung dieser Pole miteinander.[7] Klafki spricht in diesem Zusammenhang von einer mehrperspektivischen Dialektik Nohls, die ihren Ursprung in seiner Totalität

---

[1] Vgl. Nohl, H.: Die pädagogische Bewegung in Deutschland und ihre Theorie. 10. Aufl. Frankfurt am Main 1988. S. 216. Vgl. Luttringer, K. : Dialektik und Pädagogik. Frankfurt am Main 1980. S. 84.

[2] Vgl. Fischer, W.: Kritik der lebensphilosophischen Ansätze der Pädagogik. In: Neue Folge der Ergänzungshefte zur Vierteljahresschrift für wissenschaftliche Pädagogik. 4 (1966) Bochum. S. 25.

[3] Vgl. Nohl, H.: Die Deutsche Bewegung. Göttingen 1970. S. 16. Vgl. Oelkers, J.; Lehmann, T.: Hatte die geisteswissenschaftliche Pädagogik eine pädagogische Theorie? In: Pädagogisches Handeln und Kultur. Bad Heilbrunn 1984. S. 104. Vgl. Thöny, G.: Philosophie und Pädagogik bei Wilhelm Dilthey und Herman Nohl. Bern 1992. S. 569.

[4] Vgl. Klika, D.: Herman Nohl. Köln 2000. S. 20. Vgl. Nohl 1988. S. 15.

[5] Vgl. Finck, H.-J.: Der Begriff der „Deutschen Bewegung" und seine Bedeutung für die Pädagogik Herman Nohls. Frankfurt am Main 1977. S. 22.

[6] Vgl. Nohl 1988. S. 149. Vgl. Nohl, H.: Charakter und Schicksal. 7. Aufl. Frankfurt am Main 1970. S. 47.

[7] Vgl. Nohl 1970. S. 76.

des Lebens hat.[8] Für Nohl ist der Repräsentant des Lebens die historisch gewachsene Kultur.

Die Deutsche Bewegung wird von Nohl als eine kulturelle Einheit dargestellt. Die Kultur ist ein künstlich geschaffenes Produkt, das jedoch den wesensbedingten Eigenarten ihrer Produzenten, dem Volk, unterworfen ist. Damit wird die Kultur zum zweiten Vaterland und in ihr befriedigt sich der Wunsch nach einer Heimat. Die Deutsche Bewegung wird so zur geschichtlich-kulturellen Wohnstätte, die allerdings rein geistiger Natur ist.[9] (Aus dieser geistig gewachsenen Einheit kann ein territorialer Anspruch eines Volkes entspringen. In aggressiver Form hat sich der Nationalsozialismus dieses später zunutze gemacht.)

Nohl beschreibt sein Ideal als das „höhere Leben", das in der Hingabe an die Ideen des Gesamtlebens entsteht. „...der Staat und das Recht sind nicht Mittel für das Wohlleben und die Freiheit der einzelnen, sondern sie sind Schöpfungen des objektiven Geistes, dem sich der einzelne begeistert opfert."[10] Der Charakter der einzelnen Seele ist demnach Grundvoraussetzung für die Charakterbildung des Staates.[11] Dieses Ideal entwickelt er aus seiner Lebensphilosophie.

---

[8] Vgl. Klafki, W.: Diskussionsbeitrag zur wissenschaftlichen und aktuellen Bedeutung Nohls. In: Neue Sammlung. Göttingen, 19 (1979). S. 570.

[9] Herman Nohl ist nicht der einzige geisteswissenschaftliche Pädagoge gewesen, der versucht hat, einen gesetzesmäßigen Ablauf der Erziehung aus dem Verlauf der geschichtlichen Ereignisse zu fixieren. Außer ihm waren es noch Wilhelm Flitner, Eduard Spranger und Erich Weniger, die sich an einer der Erziehung zuträglichen übergeordneten Gesetzmäßigkeit versuchten. Vgl. Weniger, E.: Die pädagogische Bewegung und ihre Theorie. In: ders., Die Eigenständigkeit der Erziehung in Theorie und Praxis. Weinheim 1964. S. 45 ff. Vgl. Spranger, E.: Die drei Motive der Schulreform. In: Kultur und Erziehung. Leipzig 1928. S. 142 ff. Vgl. Flitner, W.: Die drei Phasen der pädagogischen Reformbewegung. In: Neue Jahrbücher für Wissenschaft und Jugendbildung. 4. 1928. S. 242 ff.

[10] Nohl 1970. S. 194.

[11] Vgl. Nohl 1988. S. 73.

Das Menschenbild Nohls: Vom Gedanken des Individuums zur Gemeinschaft

Das Volk als natürliche Gemeinschaft ist ein Ideal, dem sich aus Sicht Nohls angenähert werden soll. Dabei geht es ihm um die Anerkennung der Gemeinschaft und die Rückführung des Individuums zu ihr. Der Deutsche ist zu Lebzeiten Nohls einer Identitätsproblematik unterworfen, die zum Teil in der Bindungslosigkeit der Anerkennung verborgen liegt und in der schon in der Deutschen Bewegung aufgezeigten „Zerrissenheit" der Deutschen, wodurch auch die gesellschaftliche und politische Ideenbildung in keine Ruhelage eingetreten ist.[12] Um sich dieser Identitätsproblematik anzunehmen beschäftigte sich Nohl in den 20er und frühen 30er Jahren auch mit der Anthropologie.[13]

Nach der Ansicht Nohls definiert sich der Mensch aus seiner „Inhaltlichkeit", dem Prozeß seiner Identitätsfindung, der nicht von seinem Kulturkreis lösbar ist.[14] Für ihn kann die Kulturgeschichte nicht ohne ein Menschenbild erfaßt werden, denn die Kultur ist eine von Menschen strukturierte Natur. So erschließt sich für Nohl das Wesen eines Menschen oder einer Nation aus der eigenen Vergangenheit und deren Einbettung in die Traditionszusammenhänge. Dabei betreibt er eine phänomenologische Menschenkunde, indem er durch die Anerkennung der Subjekthaftigkeit im erzieherischen Wirkungsgefüge ein von Zufälligkeiten befreites Phänomen offenlegt.[15] Nohl nutzt die Phänomenologie, indem er Charakteristika analysiert und erklärt, um seine anthropologischen Gedanken zu untermauern. Seine vermeintlichen Phänomene sind meist Stereotypen, die er zu Phänomenen erklärt und dialektisch gegenüberstellt.

---

[12] Vgl. v. Hackewitz, W.: Das Gesellschaftskonzept in der Theorie der „Pädagogischen Bewegung". Berlin, Diss. 1966. S. 202.
[13] Vgl. Klika 2000. S. 290.
[14] Vgl. Nohl 1988. S. 148.
[15] Vgl. Thöny 1992. S. 458.

Das Generationenverhältnis als eine Form der Gemeinschaft

Für ihn ist die Gemeinschaft wichtig, sie darf aber nicht zu Lasten der Individualität gehen. Dieses kommt auch in seiner praktischen Erziehung zum Ausdruck. Erst soll zur Individualität erzogen werden und dann sollen die Normen und Erwartungen der Gesellschaft an das Kind herangetragen werden. Die Aufgabe übernehmen die Eltern, sie sind für Nohl wichtig, denn sie übertragen den „...ideellen Kulturbesitz..."[16] auf die nächste Generation. Die Eltern bilden mit ihrer Erziehungsgemeinschaft die kleinste Gemeinschaft.[17] Das Generationenverhältnis zwischen Zögling und Erzieher ist ein Wechselverhältnis, das von Nohl im pädagogischen Bezug für die Erziehungspraxis näher erläutert wird. In diesem Wechselverhältnis nutzt die Mutter mit ihrer „Mütterlichkeit" ihre Emotionalität[18] am Anfang der Erziehung und ermöglicht dem Kind, eine eigene Identität zu entwickeln. Sie hat nach Nohl in ihrem innersten Wesen die Gabe über die Unterschiede der Menschen hinwegzusehen und sie gleich zu behandeln.[19] Der Vater tritt erst später in den Erziehungsprozeß mit ein und trägt die Ansprüche der Gesellschaft an das Kind heran.[20] Die Eltern müssen in einem ausgewogenen Verhältnis auf ihr Kind wirken, denn sonst entsteht ein Ungleichgewicht welches sich im Charakter des Kindes widerspiegelt.[21] (Eine starke Normgebung durch die HJ im Nationalsozialismus schränkte vornehmlich die mütterliche Seite ein und macht ein Entwickeln der Individualität schwer möglich.)

---

[16] Paulsen, F.: Pädagogik. 5., Aufl. Stuttgart 1912. S. 6. ff.
[17] Vgl. Oelkers, Jürgen: Erziehung und Gemeinschaft: Eine historische Analyse reformpädagogischer Optionen. In: „Du bist nichts, Dein Volk ist alles". Hrsg.: Berg, Christa; Ellger-Rüttgardt, Sieglind. Weinheim 1991. S. 29.
[18] Vgl. Nohl 1970. S. 133.
[19] Vgl. Nohl 1988. S. 7.
[20] Interessant ist, daß sich für Nohl die Rolle des Vaters, des Mannes in der Pädagogik erst anthropologisch herleiten mußte. Denn die Erziehung ist wesensmäßig eine weibliche Eigenschaft und erst die Ritterlichkeit gibt dem Mann die Möglichkeit, sich tapfer und helfend der pädagogischen Fürsorge zu widmen.
[21] Vgl. Klika 2000. S. 29.

Das Volk als natürliche Gemeinschaft

Diese Entwicklung zu einem Volk – das ist die Grundlage der „Deutschen Bewegung" - ist von innen heraus entstanden und hat sich vor einer politischen Vereinigung vollzogen. Demnach sind nach der Ansicht Nohls die Deutschen „...damals geistig ein Volk geworden, ehe sie es politisch waren...".[22] Das Wesen dieses Volkes, dieser Einheit, liegt nicht im Einzelnen, sondern im Zusammenhang des Ganzen, das sich in den Teilen, den Individuen entfaltet. Das Individuum spielt hierbei eine entscheidende Rolle. Der Einzelne darf sich nicht durch den kollektivistischen Gedanken zu der Einheit gezwungen fühlen. Er soll das Grundverhältnis des Individuums mit der Gemeinschaft als ein persönlichkeitsbildendes anerkennen.[23] Diese Gemeinschaft ist keine rationale Einheit, sondern eine inhaltlich lebendige, dynamische und wird erfaßt im Eindruck des Ganzen, der sich aus dem Bewußtsein ihres eigentümlichen Wesens ergibt.[24] „Wo einer Gesamtheit eine solche leitende Idee inne wohnt, da hat das Volk Charakter. Es bekommt eine geschichtliche Mission und formt sich von da her."[25] Dennoch kann das Volk seinen Charakter nur bekommen, wenn auch in seinen Individuen Charakter vorhanden ist. Der Einzelne ist durch Charakter ausgezeichnet, wenn er in der Lage ist, sich in diese Gemeinschaft einzufügen.[26]

Das Politikverständnis Nohls

Nachdem ich nun schon zum wiederholten Male von Nohls Politikverständnis gesprochen habe, gilt es, dieses näher zu erläutern. Herman Nohl hat sich als

---

[22] Nohl, H.: Zur deutschen Bildung. Göttingen 1926. S. 18.
[23] Vgl. Nohl 1988. S. 58.
[24] Die Zerrissenheit der Reichsdeutschen in Preußen und Katholiken schaffte Gegensätze und wurde erst durch den ersten Weltkrieg, der auch von der katholischen Kirche mit dem gleichen Hurrapatriotismus unterstützt wurde, aufgehoben. Vgl. Bergem, W.: Tradition und Transformation. Opladen 1993. S. 66.
[25] Nohl 1970. S. 178. Die „geschichtliche Mission" impliziert nach Ansicht des Autors einen starkes politisches Moment.
[26] Vgl. Nohl 1988. S. 250.

Kind der wilhelminischen Zeit in der Politik eher zurückgehalten. Er adaptierte die gesellschaftlich geforderte Selbstdisziplinierung, den Verzicht auf politischen Machtanspruch und somit konnten bei ihm keine staatsbürgerlich-demokratischen Tendenzen entstehen.[27] Von Nohl wurde nicht erkannt, daß die Tugend der politischen Neutralität negativ beurteilt werden kann. So hat sich bei ihm auch kein Wille zur politischen Emanzipation herausgebildet.[28] Allein das Vertrauen seiner Lehrer- und Erzieherkollegen zog ihn im Verlaufe der 20er Jahre in „...den öffentlichen Kampf..."[29], mit dem die Politik gemeint ist. Diese politische Aktivität steht im Gegensatz zu dem Inhalt eines Briefes, den er am 25.09.1928 an Elisabeth Blochmann schreibt. Hierin führt er aus, daß ihm die „...politischen Dinge eigentlich so fern..."[30] liegen.

Durch die Erziehung nach dem Erreichen der dritten Stufe befähigt, kann sich der einzelne Mensch aus der verantwortungslosen Masse herausheben, indem er für sein Handeln Verantwortung übernimmt und dadurch eine geschichtliche Person wird. Verantwortung kann der Mensch spüren und übernehmen, wenn er seine Triebe, Suggestionen und Nachahmungen kritisch hinterfragt.[31]

Politik wird von Nohls Devianz zur Kultur betrieben. Das Staatssystem ist gesetzgebender Teil der Politik und damit eine Bedingung der Kultur.

Als negative Eigenschaft konstatiert Nohl für den Deutschen die Unsicherheit, wenn die Pflicht nicht klar definiert oder erkennbar ist. Diese Unselbständigkeit gipfelt zuweilen in dem Warten auf Befehle. Der Deutsche unterliegt der Gefahr, nicht vom Inhalt, sondern vom gesetzlichen Charakter der Befehle oder Pflichten getragen zu werden.[32] Die Pflicht zur politischen Betätigung hat es nie gegeben. Daraus folgte eine mangelnde Bereitschaft der Deutschen, sich politisch zu beteiligen und für den Staat einzusetzen. Das deutsche Bürgertum wurde sogar von der Obrigkeit aus der Politik ausgeschlossen und wehrte sich dagegen auch nicht. Womit es keine politische Identität bilden konnte, was sich nachhaltig über Generationen fortgesetzt hat. Eine geistige Identität wurde

---

[27] Vgl. Doerry, M.: Übergangsmenschen. Weinheim 1986. S. 47.
[28] Vgl. v. Hackewitz 1966. S. 36.
[29] Blochmann, E.: Herman Nohl in der pädagogischen Bewegung seiner Zeit. Göttingen 1969. S.116.
[30] Blochmann 1969. S.117.
[31] Vgl. Nohl 1988. S. 76.
[32] Vgl. Nohl 1970. S. 167.

ausgebildet aber eine politische entstand nicht. Damit wurde die unpolitische Haltung zur Tugend erhoben. Als Folge dessen begab sich der „Geist" immer tiefer in den Teufelskreis, durch den er sich von der politischen Partizipation entfernte.[33]

Der Gehorsam und die Pflicht sind wesentliche Bestandteil der Anerkennung einer Hierarchie und der Einordnung in dieselbe. Der Deutsche hat eine starke Untertanenmentalität. Die Obrigkeiten sind der personifizierte Staat, dem Staat und seinen Repräsentanten gegenüber ist Gehorsam zu leisten, wobei die Politik von dem Deutschen nicht mit dem Staat verbunden wird. Der Obrigkeitsstaat war ein ideelles autarkes Gebilde und unabhängig von der Politik.[34] Diese Auffassung hielt sich bis in die Weimarer Republik und somit entstand ein Staatsideal, das fern der zerrissenen Gesellschaft eine Einigkeit vorgaukelte, an der sich die Pflichterfüllung mit deutscher Gründlichkeit austoben konnte.

Nohl unterscheidet zwischen dem Staatsmann und dem Parteimann. Dem Staatsmann stellt er den Parteimann gegenüber und verweist wieder auf seine Grundpolarität von Subjekt, dem Parteimann als Privatperson und Objekt, dem Staatsmann als Vertreter der Gemeinschaft. Der Parteimann verfolgt sein individuelles Interesse, der Staatsmann hingegen ist getragen von seinem Willen, das Beste für das Volk erreichen zu wollen, was eine „...staatliche Geschlossenheit, Führung und Ruhe bedeutet."[35] Der Parteimann setzt sich leidenschaftlich für eine Sache ein, die dann die höchste Priorität einnimmt. Damit unterliegt er dem Machtstreben. Diese reine Ausrichtung an den Interessen reicht nach der Ansicht Nohls nicht aus. Denn erst die Idee dahinter legitimiert das Interesse.[36] Mit diesem negativen Verständnis Nohls von der Parteipolitik als etwas Trennendem entsprach Nohl der damaligen politischen Haltung, da die Parteipolitik nicht dem Harmoniebedürfnis der Bevölkerung entsprach.[37] Die Parteipolitik widersprach seiner Dialektik, denn der auf seine individuellen Interessen versteifte Parteipolitiker neigt zur Einseitigkeit, die der Gefahr ausgesetzt ist, im Extrem zu enden. Das Extrem ist der Verlust des

---

[33] Vgl. Bergem 1993. S. 79.
[34] Vgl. Bergem 1993. S. 81.
[35] Nohl, H.: Pädagogik aus dreißig Jahren. Frankfurt am Main 1949. S. 226.
[36] Vgl. Nohl, H.: Pädagogische und politische Aufsätze. Jena 1919. S. 82.
[37] Vgl. Bergem 1993. S. 85.

Lebendigen und für Nohl ein Anzeichen von mangelnder Bildung. Seine Sicht des Staates war bestimmend für die geisteswissenschaftliche Pädagogik seiner Zeit. Der Staat wurde als neutrales Überwesen bezeichnet und avancierte damit zum „...gefährlich ideologisch antiliberalen..."[38] Gemeinschaftsideal. „...der Staat und das Recht sind nicht Mittel für das Wohlleben und die Freiheit der einzelnen, sondern sie sind Schöpfungen des objektiven Geistes, dem sich der einzelne begeistert opfert."[39] Der Charakter der einzelnen Seele ist demnach Grundvoraussetzung für die Charakterbildung des Staates.[40] Persönlichkeitsbildung durch Charakterbildung ist nach Nohl die Aufgabe der Pädagogik.

Konzeption der Pädagogik Nohls

Der Wendepunkt im Schaffen Nohls ist das Jahr 1918, in dem er sich endgültig der Pädagogik zuwendet. Angetrieben wurde er vom Erlebnis des politischen und kulturellen Zusammenbruchs, der in ihm den Willen zur „sittlichen Erneuerung" förderte.[41] Aus der Deutschen Bewegung leitet er die neue Pädagogik ab: „Das entscheidende Werkzeug für die Erweckung des höheren Lebens und der Erhebung des Menschen in die Idee war schließlich die Erziehung"[42] Nohls philosophische Grundüberlegungen aus der „Deutschen Bewegung" finden sich differenzierter und auf die Pädagogik weitergeführt in seinem Hauptwerk „Die pädagogische Bewegung in Deutschland und ihre Theorie" wieder. Er macht deutlich, daß seine „...Individualbildung nicht unabhängig zu haben ist von der Form des nationalen Daseins."[43] Nohls pädagogische Orientierungen werden von Anfang an von der Sehnsucht nach

---

[38] Dithmar, R.; Willer, J. (Hrsg.): Schule zwischen Kaiserreich und Faschismus. Darmstadt 1981. S. 66.
[39] Nohl 1970. S. 194.
[40] Vgl. Nohl 1988. S. 73.
[41] Nohl 1970. S. 9.
[42] Nohl 1970. S. 205.
[43] Nohl 1988. S. 188.

einer geistigen Einheit der Nation durchzogen.[44] Die Pädagogik diente Nohl, um die Einheit wieder herzustellen, mit der das deutsche Volk gestaltet und zum höheren Geist herangeführt werden sollte. Um seinen Wunsch nach der Einheit des deutschen Volkes nachzukommen, erweitert Nohl seinen individualpädagogischen Ansatz um den national-pädagogischen Ansatz.[45] Diesen versucht er zu ergründen und stellt sich die Frage: „Gibt es keinen festen Boden geistigen Lebens, auf dem wir uns alle zu Hause wissen? Das ist die Schicksalsfrage an unsere deutsche Pädagogik, und man begreift, wie hier die Pädagogik auf das engste verwoben ist mit dem Schicksal unserer Nationalität überhaupt, die deutsche Bildung mit dem deutschen Wesen."[46] Nohl stellt sich hier die Frage nach den Grundsätzen seines pädagogischen Wirkens, an denen er es ausrichten will und welches Ideal es verfolgen soll.

Die Lebensgemeinschaft ist gleichzeitig die Bildungsgemeinschaft.[47] Um das oben beschriebene Volk zu gestalten, können zwei verschiedene Wege eingeschlagen werden, die Politik oder die Pädagogik. Die Politik will Verhältnisse ändern und die Pädagogik die Menschen.[48]

Nohl unterscheidet die objektive und die subjektive Perspektive der Bildung. Das Individuum in seinem Lebensprozeß bildet das „Menschentum" (ein Begriff der heute als NS-Jargon bezeichnet wird aber von Nohl so genutzt wurde und von mir nur klar gestellt wird, daß er nicht mit meiner Gesinnung übereinstimmt) und ist damit Träger des subjektiven Bildungsbegriffes als einem Habitus. Der objektive Bildungsbegriff ist die Kultur.[49] Mit der Hingabe an die Qualität der objektiven Bildungsauffassung kann eine Qualität des Subjektes erreicht werden. Die objektive Form als Kultur ist eine Gestalt, die aus dem Subjekt gewachsen sein muß. Damit zeigt Nohl, daß die Kultur, die er in der „Deutschen Bewegung" darstellt, eine typisch deutsche ist, denn sie ist aus dem deutschen Volk entstanden. Indem dann das Subjekt den Gehalt der

---

[44] Vgl. Lingelbach, K.: Erziehung und Erziehungstheorie im nationalsozialistischem Deutschland. Weinheim 1970. S. 45.
[45] Vgl. Lingelbach 1970. S. 45.
[46] Nohl 1970. S. 88.
[47] Vgl. Nohl 1988. S. 174.
[48] Nohl 1988. S. 173.
[49] Vgl. Klika 2000. S. 35. Vgl. Nohl 1988. S. 98.

geistigen Form verinnerlicht, bekommt es einen neuen Sinn.[50] Im Umkehrschluß erhält der Gehalt erst seinen Sinn, wenn es von dem Subjekt verinnerlicht worden ist, was die wechselseitige Beziehung dieser Faktoren ausmacht. Daraus leitet Nohl ab, daß das Bildungsideal nie unabhängig von der Form der Bildung des nationalen Daseins sein kann. Denn die Volksbildung äußert sich in der einheitlichen Kultur der Sprache, Kunst, Lebensweise. Die Einheitlichkeit eines Volkes wird an der Möglichkeit gemessen, die der Einzelne hat, sich selbst der idealen Einheit anzunähern. Damit wurzelt die Volksbildung in ihrer Gesamtheit wieder in dem Kulturideal.[51]

Autonomie der Pädagogik

Aus der Krise der Kulturen und Wissenschaften schöpfte die Pädagogik ihren eigenen Maßstab, die pädagogischen Idee. Diese eigenen neuen Maßstäbe ergaben für Nohl eine neue Verantwortung für den Erzieher, der überparteilich sein und sich nur als Pädagoge betrachten soll, dem die Entwicklung des Menschen im Kinde am Herzen liegt. Peter Brozio bezeichnet den Erzieher Nohls als Vermittler zwischen dem Ideal als der gesellschaftlichen Anforderung und der Wirklichkeit in Form der Anlagen des Kindes.[52] Dabei galt als unpolitisch, „...was nicht explizit partei-politische Bezüge hatte."[53] Aus dieser Autonomie entstand ein Selbstbewußtsein, das es dem Pädagogen möglich machen sollte, kritisch andere Bereiche zu hinterfragen.
Dieses hat er in der „Deutschen Bewegung" niedergeschrieben und auch in seinem Werk „Die pädagogische Bewegung in Deutschland und ihre Theorie" knüpft er an diesen Gedanken an und beschreibt die leidenschaftlichen aber erfolglosen Anstrengungen der deutschen Nation, den Prozeß der Volkswerdung auf dem pädagogischen Wege zu betreiben.[54] Der Prozeß scheiterte am Ende des

---

[50] Vgl. Nohl 1988. S. 99.
[51] Vgl. Nohl 1988. S. 150.
[52] Vgl. Brozio, P.: Vom Pädagogischen Bezug zur pädagogischen Beziehung. Würzburg 1995. S. 59.
[53] Vgl. Hübner-Funk, S.: Aufwachsen unter Hitler: Eine „unpolitische" Jugendzeit? In: Jahrbuch für Pädagogik. Frankfurt am Main 1995. S. 57.
[54] Vgl. Nohl 1988. S. 1.

19. Jahrhunderts an den Einzelinteressen, für die sich nicht genug Staatsmänner finden ließen, die die Interessen der Gemeinschaft durchsetzen konnten. Die Pädagogen mußten das Zepter an die Parteimänner überreichen und das Feld der Politik überlassen.

Nohl vertritt die Auffassung: "Politische Verfassung und Schulverfassung stehen augenscheinlich in einem Wechselverhältnis, wo der Geist der einen den der anderen zu bestimmen sucht."[55] Die Schulverfassung muß sich auf ihre eigene Kultur besinnen. Sie darf nicht einzig und allein der Arm des Staates werden und ihn im Kleinen repräsentieren. Sie muß sich auf ihre eigenen zeitlosen Werte besinnen, die über die aktuellen politischen Bezüge hinausgehen. Mühsam hat sich die Pädagogik freigekämpft von dem Staat als Schulmeister und dem damit verbundenen Zwangscharakter.[56] Damit kann ihm politische Passivität vorgeworfen werden, obwohl seine Bestrebungen zu einer Autonomie der Pädagogik nicht als politisches Desinteresse, sondern als eine Form der Verteidigung der Pädagogik gegen eine politische Vereinnahmung und Degradierung als Mittel zum Zweck gedeutet werden kann.[57]

Einordnung in das Autoritätsverhältnis

Diese Erfahrungen aus seiner frühesten Kindheit von Zuneigung und Autorität haben auch seine politischen Grundmodelle beeinflußt.[58] Diese Einordnung in das Autoritätsverhältnis schaffte eine klare Position, die dem Einzelnen bei einer unkritischen Akzeptanz der bestehenden Verhältnisse seine Identität und seinen Standpunkt leichter finden läßt. Dadurch kann diese Konformität dem Individuum eine vermeintliche Sicherheit vermitteln, die sich im Selbstvertrauen niederschlägt. Die Leichtigkeit, mit der die vermeintlich eigene Identität bestimmt wird, läßt sehr schnell einen affirmativen Charakter entstehen, der deshalb auch an Nohl und seinen Theorien kritisiert wird, wobei die Leichtigkeit der Identitätsfindung nicht der Gegenstand der Kritik ist,

---

[55] Nohl 1988. S. 72.
[56] Vgl. Nohl, H.: Erziehergestalten. Göttingen 1958. S. 8.
[57] Vgl. Oelkers, Lehmann 1984. S. 112.
[58] Vgl. Doerry, M.: Übergangsmenschen. 1996. S. 61.

sondern die ausbleibende Fähigkeit zur kritischen Auseinandersetzung mit der Autorität.

Der Pädagogische Bezug

Diese Kritik an dem Autoritätsverhältnis hat ihre Wurzeln in dem Pädagogischen Bezug Nohls. Unter dem pädagogischen Bezug versteht Nohl die Besonderheiten des pädagogischen Verhältnisses zwischen dem Erzieher und Zögling, das in einer systematischen Ordnung erfaßt wird. Der pädagogische Bezug ist ein Appell an die Verantwortlichkeit des Erziehers, die Persönlichkeit und Individualität seines Schülers anzuerkennen.[59] Der pädagogische Bezug richtet sich nur an den verschiedenen Zwecken der unterschiedlichen Theorien aus. In ihm sind realistisches Sehen und idealistisches Wollen miteinander verbunden. Das führt dazu, daß dieser Bezug vom Erzieher nicht erzwungen werden kann, sondern vom Zögling aus freiem Willen heraus aufgebaut werden muß. Im pädagogischen Bezug werden Bildung und Erziehung als interaktiver Prozeß betrachtet.[60] In diesem Prozeß wird dem Produkt der Bildung die Erziehung vorangeschaltet und er vollzieht sich dann in einem immer wiederkehrenden Zyklus.

Es wird die mangelnde Trennung der Begriffe und ihrer Dialektik scharf kritisiert und dadurch versucht, den Theorieanspruch in Frage zu stellen. Gerade in der ausgeprägten Dialektik kann die Stärke Nohls gesehen werden. Denn Nohls Polaritäten zeigen deutlich die Wechselwirkung und Vernetzung der Begriffe.[61] Mit der Bezeichnung als Polaritäten behält er dennoch, ohne sich festlegen zu müssen, die Spannung der pädagogischen Gegensätze bei.

Der Erzieher wird Diener der übergeordneten Idee der Pädagogik.[62] Er soll dem Zögling helfen und dienen auf dem Weg zum selbstverantwortlichen Handeln, das sich an den sittlichen Grundsätzen ausrichtet. Zukünftig soll der Zögling frei selbst entscheiden können. Der Erzieher darf ihn deswegen nicht in der Kindheit

---

[59] Vgl. Nohl 1988. S. 137.
[60] Vgl. Klika 2000. S. 37.
[61] Vgl. Klika 2000. S. 79.
[62] Vgl. Fischer 1966. S. 28. Vgl. Nohl 1988. S. 12.

zu dem Objekt seiner eigenen Meinung oder der einer Institution machen.[63] Dazu bedient er sich des „pädagogischen Takts".[64] Indem der Erzieher zu einem Diener wird, ordnet er sich unter und richtet sein Handeln nicht an seinem egoistischen Interesse aus. Das Ziel ist nicht die Befriedigung der Wünsche des Erziehers, sondern der Wunsch, den Zögling zur Selbsterkenntnis des Ideals zu leiten. Damit wird die „...Zukunft [...] die Handlungszeit der Erziehung."[65] Es bleibt die Frage, warum er in seinem recht weitgefaßten auf die Mannigfaltigkeit des Lebens basierenden Totalitätsbegriff eine Bewegung nur auf Deutschland beschränkt hat.

Von der Weimarer-Republik zum Nationalsozialismus

In seiner Auffassung von Gemeinschaft trennt Nohl die ideale Gemeinschaft von der geistigen ab. Die geistige Gemeinschaft fußt auf dem persönlichen Kontakt der Individuen untereinander, die ideale Gemeinschaft hat eher normativen Charakter, weil sie als Wertegemeinschaft aufzufassen ist. Es entsteht die Einheit der Individuen zu einer Gemeinschaft durch die Anerkennung gleicher allgemeiner Werte.[66] Mit dieser Auffassung distanziert sich Nohl von den gängigen „vaterländischen Ideen" und zeigt sich national, aber gleichzeitig sehr tolerant gegenüber anderen.[67]

Die „völkisch-nationale" Haltung Nohls

Er ist als Deutscher aufgewachsen, erzogen worden und hat durch die deutsche Gesellschaft und deren Ereignisse seine Prägung erhalten und hat es selbst nicht

---

[63] Vgl. Nohl 1988. S. 97.
[64] Vgl. Nohl 1988. S. 172.
[65] Oelkers, Lehmann 1984. S. 106.
[66] Vgl. Henseler, J.: Wie das Soziale in die Pädagogik kam. München 2000. S. 143.
[67] Vgl. Hoffmann, D.: Politische Bildung 1890-1933. Hannover 1970. S. 296.

vermocht, davon zu abstrahieren. Das deutsche Volk war für Herman Nohl „...Ziel, Subjekt und Gegenstand..."[68] seiner Überlegungen.
In dem für seine Zeit typischen Denken verwendet auch Nohl den Rassebegriff. Er grenzt sich aber gegen die Rassenhygieniker seiner Zeit ab, indem eine politische Instrumentalisierung dieses Rassegedanken nicht herauszulesen ist.[69] Die Verwendung dieser Begrifflichkeit ist nur sehr spärlich zu finden. Dennoch halte ich es für wichtig es in diesem Rahmen zu erwähnen, denn der schärfste Kritiker Nohls im Bezug auf seine Nähe zum Nationalsozialismus bezieht sich gerade nur auf diese Stellen. Hasko Zimmer versucht, anhand einer unveröffentlichten Vorlesung Nohls - „Die Grundlagen der nationalen Erziehung." Eine Vorlesung im Wintersemester 1933/34 - zu belegen, daß er der Nationalsozialistischen Ideologie und Rassehygiene nahe gestanden hat.[70] Diese Vorlesung glich aber mehr einem gedanklichen Überschießen seiner Ideale in der totalen Verkennung der erst heute bekannten Konsequenzen der menschenverachtenden Politik des Dritten Reiches. Nohl zeigte außer in dieser Vorlesung nie wieder solche rassehygienischen Überlegungen.
Rasse ist für Nohl nur die biologische Anlage, die geschichtlich ausgeformt werden muß. Hier taucht einer seiner Widersprüche auf, denn in seine kulturelle Anthropologie mischt er eine physische, die er nicht näher erläutert, dennoch als gegeben voraussetzt. Er lehnt die angepriesene „Aufnordung" ab, denn sie ist mit seiner Nationalpädagogik nicht zu vereinbaren.[71] Eine „Rassehygiene" wäre der Versuch, diesem fatalistischen Schicksalsglauben einen Streich zu spielen, ein inhumaner „Streich"! Die Art eines Menschen oder eines Volkes stellt seinen Charakter dar, den es nicht mit der Rasse zu verwechseln gilt.[72] Hiermit stellt Nohl die Art als Ausdruck des Geistes als eine gewachsene kulturelle Errungenschaft dar. Sie ist ein Produkt der Gemeinschaft und nicht der biologischen Erbfolge. Die Ausformung der Anlagen, zum Beispiel durch

---

[68] v. Hackewitz 1966. S. 211.
[69] Vgl. Matthes, E.: Geisteswissenschaftliche Pädagogik nach der NS-Zeit. Bad Heilbrunn 1998. S. 69.
[70] Vgl. Zimmer, H.: Von der Volksbildung zur Rassenhygiene: Herman Nohl. In: Politische Reformpädagogik. Frankfurt am Main 1998. S. 515 ff.
[71] Vgl. Zimmer 1998. S. 534.
[72] Vgl. Nohl 1988. S. 271.

Erziehung, erheben das Volk mit Schaffung des Geistes über den Status der Rasse.
Die von Zimmer geleistete Zuordnung Nohls zum nationalsozialistischen Gedankengut wird von Klafki und Brockmann wesentlich differenzierter und im Gesamtzusammenhang betrachtet. Dies entkräftet die meisten auf „...selektiven Begradigungen" widersprüchlicher und mehrdeutiger Aussagen Nohls..."[73] beruhenden Zitationen Zimmers.

Nohls Bezug zum Nationalsozialismus

Für Nohl erschien der Nationalsozialismus als anziehend, denn er verbindet die sozialistische Tendenz der Bewegung und den revolutionären Charakter seiner (Sozial-) Pädagogik. Diese Zeit kann als eine „...kurze Phase der illusionären Hoffnung..."[74] gewertet werden, in der er hoffte, die auf Individuum und Familie beschränkte Sozialpädagogik anhand der Nationalpädagogik auf das ganze Volk zu erweitern.[75] Seine anfängliche Hoffnung, in der nationalsozialistischen Regierung die Chance der „nationalen Regeneration"[76] zu verwirklichen, wenn die Pädagogen nur kritisch bleiben würden, waren geschwunden. Er beklagt sich über die kulturelle Führung der Nationalsozialisten und macht damit wieder deutlich, daß er die politische Führung nicht beachtet und ihr einen verminderten Stellenwert einräumt.[77]
Nohl hat sich in seinen Werken nie abwertend über andere Kulturen geäußert, wie es der Nationalsozialismus getan hat. Die Betonung des nationalen Geistes war eine den 20er Jahren eigentümliche Art, um den Kampf der Aufklärung als ein innerdeutsches Problem zu begreifen. Die Anerkennung des Anderen

---

[73] Klafki, W.; Brockmann, J.-L.: Geisteswissenschaftliche Pädagogik und Nationalsozialismus. Weinheim 2002. S. 39.
[74] Tenorth, H.-E.: Erziehungswissenschaft in Deutschland – Skizze ihrer Geschichte von 1900 bis zur Vereinigung 1990. In: Einführung in die Geschichte von Erziehungswissenschaft und Erziehungswirklichkeit. Bd. 3. Opladen 1999. S. 118.
[75] Vgl. Klafki, W.; Brockmann, J.-L.: Geisteswissenschaftliche Pädagogik und Nationalsozialismus. Weinheim 2002. S. 35.
[76] Blochmann, E.: Herman Nohl 1879-1960. Göttingen 1969. S. 152.
[77] Vgl. Klika 2000. S. 367.

erwächst aus dem Erkennen der individuellen Einzigartigkeit in der bestehenden Vielfalt.[78]

Der Nationalsozialismus forderte von der Erziehung den „...Dienst zur Herrschaftssicherung...".[79] Diese Einbindung der Pädagogik und ihre damit verbundene Aufwertung ließ einige Pädagogen verkennen, daß sich der Nationalsozialismus nicht an der Erhebung des „Menschentums" zum höheren Leben ausgerichtet hat. Die Nationalsozialisten haben das Identitätsproblem der Deutschen nur mit dem Mythos deutscher Gemeinsamkeit zu erklären versucht. Von den Nationalsozialisten wurde das deutsche Volk mit einer festen Größe behaftet, die eine zwangsläufig Starrheit mit sich brachte. In dieser Größe, die sich durch die fälschliche Reinheit auszeichnete, lagen keine lebendigen Entwicklungspotentiale.[80] Selbst Nohl erkannte, daß aus biologischer Sicht die Erstarrung eines Volkes gleichzeitig die wahrscheinliche Zerstörung des Volkes und seiner Kultur bedeutet.[81] Der Ausweg besteht gerade darin, Kultur selbst als Bewegung überhaupt zu begreifen und zu fördern. Nohl spricht dieser pädagogischen Richtung den Charakter der Erziehung zu, die eine Bildung in seinem Sinne nicht mehr ermöglicht. Die starr vorgegebenen Ziele erlauben keine freie Selbstentfaltung.[82]

Des weiteren sah er in der neuen Staatsführung offene Tätigkeitsfelder für nicht zuletzt sein eigenes pädagogisches Wirken.[83] Ganz am Anfang des NS-Regimes hielt er seine Schüler sogar an, sich der nationalsozialistischen Jugend mit mehr pädagogischem Interesse hinzugeben.[84] Damit trieb er seine Schüler an die Grenzen der Loyalität. Seine Schüler, wie Herman Ebstein, Curt Bondy, Elisabeth Blochmann, Erich Meißner und Erich Weniger wurden ihrer Ämter enthoben oder vertrieben.[85] Aber auch Nohl mußte erkennen, daß die

---

[78] Vgl. Nohl 1970. S. 11.
[79] Vgl. Blankertz, H.: Die Geschichte der Pädagogik: Von der Aufklärung bis zur Gegenwart. Wetzlar 1982. S. 272.
[80] Vgl. Nohl 1988. S. 112.
[81] Vgl. Nohl 1988. S. 144.
[82] Vgl. Nohl 1988. S. 174.
[83] Vgl. Ratzke, E.: Das Pädagogische Institut der Universität Göttingen. In: Die Universität Göttingen und der Nationalsozialismus. München 1998. S. 323. Vgl. Nohl 1988. S. 1.
[84] Vgl. Klika 2000. S. 286.
[85] Vgl. Blochmann 1969. S. 163 ff.

nationalsozialistische Ideologie im krassen Gegensatz zu seinem pädagogischen Denken steht, weil seine vom Kind aus argumentierende Pädagogik das Bestehen einer liberalen Gesellschafts- und Staatsverfassung voraussetzt.[86] Deswegen wurde er im Rahmen einer „Lehrstuhlbeschaffungsaktion"[87] der Nationalsozialisten im März 1937 seines Amtes enthoben und ab 1943 zur Fabrikarbeit herangezogen.

Im Herbst 1948 sieht er in dem Vorwort zu der dritten Auflage seiner „Pädagogischen Bewegung in Deutschland und ihrer Theorie" die Welt mit ganz anderen Augen. Und bekennt sich dazu, daß die Nationalsozialisten eine echte Erziehung unmöglich gemacht haben.[88]

Fazit

Es besteht zwischen Pädagogik und Politik Herman Nohls kein systematischer Bezug. In der „Deutschen Bewegung" legt Nohl die Geschichte still und versucht, mit einer Explikation des überzeitlichen Sinns, ein Ideal herauszuarbeiten. Auf lebensphilosophischem Fundament versuchte er, das Allgemeine zu ergründen, das seinen Standort zwischen der historischen Beliebigkeit und der logischen Notwendigkeit hat. Teil und Ganzes, Subjekt und Objekt, Individuum und Volksgemeinschaft stellen in seinen Werken den geschlossenen hermeneutischen Zirkel dar. Der Zirkel repräsentiert die Einheit der Totalität, in dem sich die Mannigfaltigkeit wiederfindet. Dennoch baut seine im Deutschtum verwurzelte Anthropologie einen Nationalcharakter auf, der für sich schon eine politische Dimension impliziert. Mit der „Deutschen Bewegung" als Darstellung der Problemsituation seiner Zeit vergeistigt Nohl die politisch-gesellschaftlichen Konflikte. Er umgeht somit die konkrete Möglichkeit, auf Situationen mit einem Realbezug einzugehen.[89] Die Pädagogik Nohls unterliegt mit ihrem binären Charakter einer eigentümlichen Ambivalenz,

---

[86] Vgl. Lingelbach 1970. S. 39.
[87] Vgl. Dahms, H.-J.: Einleitung. In: Die Universität Göttingen und der Nationalsozialismus. München 1998. S. 45.
[88] Vgl. Nohl 1988. S. 2.
[89] Vgl. Luttringer 1980. S. 74.

denn sie beinhaltet ein über das Pädagogische hinausgehendes Potential und versucht sich andererseits mit ihrem Autonomieanspruch betont unpolitisch darzustellen. Nohl verfehlt durch die Pädagogisierung sozialpolitischer und gesellschaftlicher Probleme ihren Kern.
Die Prägungen durch die politisch-gesellschaftlichen Einflüsse seiner Zeit hat zu einer Verkürzung seiner Dialektik geführt.[90] Theoretisch war sein Ideal die dialektische Zusammenführung von objektiver Kultur und Individuum in einer gelungenen Bildung, die alle Gegensätze in sich aufhebt. Dafür arbeitet Nohl in drei Stufen, deren Rekonstruktion sich hier anschließt. Er beschreibt die individuelle (Mensch) zur gemeinschaftlichen (Volk) Entwicklung. Die erste Phase wird von ihm als ungebrochene Einheit gesehen. Die zweite Phase wird deutlich durch eine polare, gegensätzliche Struktur von Subjekt und Objekt. In der dritten Phase wiederholt sich die Einheit der ersten Phase, nur daß diese durch ein Bewußtsein um diese Einheit erweitert wird.[91]
Zwischen der Pädagogik und der Politik herrscht in dem Werk Herman Nohls ein Wechselbezug, der nicht binär kodierbar ist. Die beiden unterschiedlichen Einheiten lassen sich nicht so trennen, wie es eine absolute Autonomie der Pädagogik nach sich gezogen hätte. Deswegen bleibt die Autonomie relativ und zerstört damit nicht die Mehrdimensionalität der Bezüge in diesem Verhältnis, was aber auch bedeutet, daß sich die Pädagogik an ihrem Platz in der Gesellschaft, der per se immer schon ein politischer ist, nicht in dem Maße verschließen kann, wie Nohl selbst es teilweise für erstrebenswert hielt.

---

[90] Vgl. Luttringer 1980. S. 13.
[91] Vgl. Schulp-Hirsch, G.: Hermeneutische Pädagogik: Pädagogische Theorie im Primat erzieherischer Praxis. Frankfurt am Main 1994. S. 47.

Literaturverzeichnis

Bergem, W.: Tradition und Transformation. Zur politischen Kultur in Deutschland. Opladen 1993.

Blankertz, H.: Die Geschichte der Pädagogik: Von der Aufklärung bis zur Gegenwart. Wetzlar 1982.

Blochmann, E.: Herman Nohl in der pädagogischen Bewegung seiner Zeit 1879 – 1960. Göttingen 1969.

Bollnow, O. F./Rodi, F. (Hrsg.): Herman Nohl: Die Deutsche Bewegung. Vorlesungen und Aufsätze zur Geistesgeschichte von 1770 – 1830. Göttingen 1970.

Brozio, P.: Vom Pädagogischen Bezug zur pädagogischen Beziehung. Soziologische Grundlagen einer Erziehungstheorie. Würzburg 1995 (Erziehung, Schule, Gesellschaft. 5).

Dithmar, R./Willer, J. (Hrsg.): Schule zwischen Kaiserreich und Faschismus. Zur Entwicklung des Schulwesens in der Weimarer Republik. Darmstadt 1981.

Doerry, M.: Übergangsmenschen: Die Mentalität der Wilhelminer und die Krise des Kaiserreichs. Weinheim 1986.

Finck, H.: Der Begriff der „Deutschen Bewegung" und seine Bedeutung für die Pädagogik Herman Nohls. Frankfurt a. M. 1977 (Europäische Hochschulschriften. 41).

Fischer, W.: Kritik der lebensphilosophischen Ansätze der Pädagogik. In: Neue Folge der Ergänzungshefte zur Vierteljahresschrift für wissenschaftliche Pädagogik. Heft 4. Bochum 1966. S. 21-35.

Flitner, W.: Die drei Phasen der pädagogischen Reformbewegung. In: Neue Jahrbücher für Wissenschaft und Jugendbildung. 4. Jg. 1928, S. 242 ff.

Hackewitz, W. v.: Das Gesellschaftskonzept in der Theorie der „Pädagogischen Bewegung". Ein ideologiekritischer Versuch am Werk Hermann Nohls. Berlin, Universität, Philos. Fak., Diss. 1966.

Henseler, J.: Wie das Soziale in die Pädagogik kam. Zur Theoriegeschichte universitärer Sozialpädagogik am Beispiel Paul Natorps und Herman Nohls. München 2000.

Hoffmann, D.: Politische Bildung 1890-1933. Ein Beitrag zur Geschichte der pädagogischen Theorie. Hannover 1970.

Hübner-Funk, S.: Aufwachsen unter Hitler: Eine „unpolitische" Jugendzeit? Irritierende Vermächtnisse einer gebrannten Generation. In: Jahrbuch für Pädagogik. Red.: Beutler, K./Wiegmann, U. Frankfurt a. M. 1995, S. 53-72.

Klafki, W: Diskussionsbeitrag zur wissenschaftlichen und aktuellen Bedeutung Nohls. In: Neue Sammlung. Göttingen, 19 (1979), S. 569-575.

Klafki, W./Brockmann, J.-L.: Geisteswissenschaftliche Pädagogik und Nationalsozialismus. Herman Nohl und seine „Göttinger Schule" 1932-1937. Eine individual- und gruppenbiographische, mentalitäts- und theoriegeschichtliche Untersuchung. Weinheim 2002.

Klika, D.: Herman Nohl. Sein „Pädagogischer Bezug" in Theorie, Biographie und Handlungspraxis. Köln 2000 (Beiträge zur historischen Bildungsforschung. 25).

Luttringer, K.: Dialektik und Pädagogik. Das stillschweigend Vorausgesetzte des dialektischen Denkens in der pädagogischen Theorie Herman Nohls. Frankfurt a. M. 1980.

Lingelbach, K. C.: Erziehung und Erziehungstheorie im nationalsozialistischem Deutschland. Ursprünge und Wandlungen der 1933-1945 in Deutschland vorherrschenden Strömungen; ihre politischen Funktionen und ihr Verhältnis zur außerschulischen Erziehungspraxis des „Dritten Reiches". Weinheim 1970 (Marburger Forschungen zur Pädagogik. 3).

Matthes, E.: Geisteswissenschaftliche Pädagogik nach der NS-Zeit: politische und pädagogische Verarbeitungsversuche. Bad Heilbrunn 1998.

Nohl, H.: Charakter und Schicksal. Eine pädagogische Menschenkunde. Frankfurt a. M. 1970[7].

Nohl, H.: Die pädagogische Bewegung in Deutschland und ihre Theorie. Frankfurt a. M. 1988[10].

Nohl, H.: Erziehergestalten. Göttingen 1958[4].

Nohl, H.: Pädagogik aus dreißig Jahren. Frankfurt a. M. 1949.

Nohl, H.: Pädagogische und politische Aufsätze. Jena 1919.

Nohl, H.: Zur deutschen Bildung. I. Deutsch, Geschichte, Philosophie. Göttingen 1926. (Göttinger Studien zur Pädagogik. 5).

Oelkers, J.: Erziehung und Gemeinschaft: Eine historische Analyse reformpädagogischer Optionen. In: „Du bist nichts, Dein Volk ist alles". Forschungen zum Verhältnis von Pädagogik und Nationalsozialismus. Berg, C./ Ellger-Rüttgardt (Hrsg.). Weinheim 1991, S. 22-45.

Oelkers, J./Lehmann, T.: Hatte die geisteswissenschaftliche Pädagogik eine pädagogische Theorie? In: Pädagogisches Handeln und Kultur. Oelkers, J./Schulze, W. (Hrsg.). Bad Heilbrunn 1984. S.102-137.

Paulsen, F.: Pädagogik. Stuttgart 1912[5].

Ratzke, E.: Das Pädagogische Institut der Universität Göttingen. Ein Überblick über seine Entwicklung in den Jahren 1923-1949. In: Becker, H./Dahms, H. J./ Wegeler, C.: Die Universität Göttingen unter dem Nationalsozialismus. München 1987², S. 318-336.

Schulp-Hirsch, G.: Hermeneutische Pädagogik: Pädagogische Theorie im Primat erzieherischer Praxis. Studien zum Zusammenhang von Erkenntnis- und Handlungstheorien. Frankfurt a. M. 1994 (Paideia. Studien zur systematischen Pädagogik. 10).

Spranger, E.: Die drei Motive der Schulreform. In: Kultur und Erziehung. Leipzig 1928.

Tenorth, H.-E.: Erziehungswissenschaft in Deutschland – Skizze ihrer Geschichte von 1900 bis zur Vereinigung 1990. In: Harney, K./Krüger, H.-H. (Hrsg.): Einführung in die Geschichte von Erziehungswissenschaft und Erziehungswirklichkeit. Bd 3. Opladen 1999², S.111-154.

Thöny, G.: Philosophie und Pädagogik bei Wilhelm Dilthey und Herman Nohl. Eine geisteswissenschaftliche Studie als historisch-systematische, komparative Problem-, Wirkungs- und Entwicklungsgeschichte. Bern 1992 (Studien zur Geschichte der Pädagogik und Philosophie der Erziehung. 14).

Weniger, E.: Die pädagogische Bewegung und ihre Theorie. In: Die Eigenständigkeit der Erziehung in Theorie und Praxis. Weinheim 1964.

Zimmer, H.: Von der Volksbildung zur Rassenhygiene: Herman Nohl. In: Politische Reformpädagogik. Rülcker, T./Oelkers, J. (Hrsg.). Frankfurt a. M. 1998, S. 515-546.

Thomas Gatzemann

Fehlformen pädagogischer Theoriebildung. Theodor Litts[1] bildungstheoretische Kritik an Faschismus und pädagogischer Autonomie

Neuere Veröffentlichungen heben Litts pädagogisches Konzept als eines hervor, das zur Auseinandersetzung mit der Politik in pluralistisch-demokratischen Systemen befähigen will[2] und das zur kritischen Betrachtung nicht pluralistisch ausgewiesener Herrschaftsformen herausfordert. Auch die von Litt gestellte Frage nach der Autonomie in der Pädagogik ist bei ihm eingebunden in ein bildungstheoretisches Gedankengebäude, das ideologischer resp. politischer Vereinnahmung nach Möglichkeit entgegenzuwirken sucht. Insofern werden von ihm nicht nur zulässige Formen pädagogischer Autonomie herausgearbeitet, sondern er setzt sich in seinen Überlegungen zugleich mit deren Fehlformen sowie unzulässigen Einseitigkeiten auseinander. Wer mit Litt die Frage nach Autonomie von Pädagogik stellt, findet sie daher zunächst einmal negativ beantwortet. Das heißt, von ihm werden einerseits jene Verfehlungen bildungstheoretischen Denkens und erziehungspraktischen Handelns kritisch vorgeführt, die unbedacht Autonomieansprüche reklamieren. Litt nimmt auf der anderen Seite aber auch jene Abirrungen kritisch in den Blick, die von vornherein Autonomie

---

[1] Theodor Litt, geboren 1880 in Düsseldorf, studiert alte Sprachen, Geschichte und Philosophie in Bonn, ist von 1904 bis 1918 Oberlehrer am Altsprachlichen Gymnasium in Bonn und am Friedrich-Wilhelm-Gymnasium in Köln. Er erhält 1919 eine außerordentliche Professur für Pädagogik an der Universität Bonn und wird 1920 auf dem Lehrstuhl für Philosophie und Pädagogik Nachfolger Eduard Sprangers in Leipzig. Für die Amtszeit 1931/32 wird er zum Rektor gewählt und 1937 – auf seinen eigenen Antrag hin – vorzeitig emeritiert. Nach dem Ende des 2. Weltkrieges übernimmt Litt im Juli 1945 erneut das Ordinariat für Philosophie und Pädagogik an der Universität Leipzig, wechselt dann - im September 1947 - abermals auf den Lehrstuhl für Philosophie und Pädagogik an die Universität Bonn. Dort wirkt er - zugleich als Direktor des Instituts für Erziehungswissenschaft - bis zu seiner Emeritierung im Jahre 1952. Litt hält jedoch weiterhin Vorlesungen. Er stirbt am 16. Juli 1962 in Bonn (vgl. Klafki Die Pädagogik Theodor Litts. Eine kritische Vergegenwärtigung. Königstein/Ts. 1982, S. 9-50).

[2] Vgl. Benner, D./Sladek, H.: Vergessene Theoriekontroversen in der Pädagogik der SBZ und DDR 1946 - 1961. Weinheim 1998, S. 103-107; Hepp, G.: Demokratische Entwicklung und Erziehung zum Staatsbürger - ein deutscher Sonderweg. In: Geschichte-Erziehung-Politik 7(1996)3, S. 163.

zu vermeiden trachten, freilich um den Preis, Pädagogik – ebenso unberechtigt – in ganzheitliche verbindliche Zusammenhänge einzubetten. Litt hat dabei insbesondere die aus bildungstheoretischer Sicht nicht haltbaren Positionen im Nationalsozialismus im Blick.[3]
Die durchweg kritische Sichtung ermöglicht es ihm, jeweils die Gesichtspunkte einzuarbeiten, die schließlich in einer stringenten Gedankenführung zu seiner eigenen Position hinführen. Auf diese Weise entsteht eine Argumentationsfigur, an deren Ende beinahe unumgänglich die Notwendigkeit einer sogenannten „relativen Autonomie" der Pädagogik steht.
Litts Erörterungen sind in ein bezeichnendes bildungstheoretisch-erkenntniskritisches Grundgerüst verwoben. Es ist den meisten seiner Analysen zugrunde gelegt und ermöglicht ihm auch hier erst seine Gedankenbewegung. Das durchgängig entscheidende dieses Denkmodells: Es differenziert grundsätzlich zwischen „Objekt-" resp. „Gesetzeserkenntnissen", wie sie in den Naturwissenschaften üblicherweise anzutreffen sind, und den völlig anders gearteten Einsichten, die bezogen auf sogenannte „Umgangsverhältnisse" – zu denen Litt Erziehung und Bildung zählt – gewonnen werden können.
Für den Aufbau des Beitrags ergibt sich damit folgende Struktur: Zunächst erfolgt die hermeneutische Rekonstruktion dieses grundlegenden bildungstheoretisch-erkenntniskritischen Denkmodells. Dabei werden zuerst Litts Ansichten zur unzulässigen Ausweitung des „Paradigmas der Naturwissenschaften" dargelegt und sodann seine Vorstellungen skizziert, die demgegenüber ein sinnvolles bildungstheoretisches Modell anbahnen. Damit wird zugleich die Frage nach den folgenden unzulässigen Einseitigkeiten pädagogischer Theoriebildung vorbereitet: Es erfolgt die Darlegung der Kritik Litts an den Fehlformen pädagogischer Autonomie und den Ansichten im Faschismus. Neben den Denkfehlern und Irrtümern, die Litt in diesen Zusammenhängen zurückweist, wird hierbei auch jene Form „relativer Autonomie" in der Pädagogik herausgearbeitet, die von ihm selbst entwickelt und befürwortet wird. Abschließend geht es um eine kritische Reflexion der Position von Theodor Litt.

---

[3] Später wendet er sich mit seiner Kritik vor allem gegen die Ansichten in kommunistischen Systemen. (Vgl. Gatzemann, T.: Das Projekt der *ideologisch-verwissenschaftlichten* Menschenbildung. Bildungstheoretisch-problemgeschichtliche Analysen zu Indoktrination und politischer Bildung in Deutschland zwischen 1945 und 1970. Frankfurt a. M. 2003, S. 101-142.)

1 Von der ungerechtfertigten Ausweitung des „Paradigmas der Naturwissenschaften"

Für Litt besteht ein Unterschied von grundsätzlicher Bedeutung darin, ob das Denken des Menschen – wie es in der Arbeit des Botanikers und des Zoologen der Fall ist – es mit den Erscheinungen der außer- und „untermenschlichen" Wirklichkeit, der sog. „Natur", zu tun hat „oder ob es der durch diesen Menschen selbst zu schaffenden und zu erhaltenden Wirklichkeit, der Wirklichkeit des geistig-geschichtlichen Seins zugewandt ist."[4] Denn während man sich dort mit einem Gegenstand beschäftige, der gleichsam von "außen" betrachtet werde, habe der Mensch es hier "mit Kräften, Kraftäußerungen und Kraftwirkungen zu tun, die ihren Ursprung in *ihm* selbst" hätten.[5] Fernerhin gelte nun einmal für Erziehung, sie sei „ein handeln, durch das der mensch sich auf den *menschen*" beziehe.[6] Somit könne man Erziehung auch nicht als eine Beziehung zwischen einem Subjekt und einem Objekt auffassen, sondern als eine unter Subjekten. An die Stelle der Objektbearbeitung trete „der ‚Umgang', der die parteien zu wechselseitiger belebung zusammenführt und aneinander ihr wesen entwickeln lässt."[7] Das heißt für Litt, keines der beteiligten Subjekte vertrage es, bloß „als ‚objekt' der erkennenden analyse und der zweckgeleiteten bearbeitung unterworfen zu werden."[8] Insofern greife „die erziehung [...] in eine tiefe der wirklichkeit" hinab, „die sich dem objektbestimmenden denken verschließt." Erziehung könne nicht die Form einer Tätigkeit annehmen, „die sich als ‚*anwendung*' objektwissenschaftlicher ergebnisse organisieren ließe." Und weder lasse sich die Pädagogik „als die ‚*technik der kultur*'" begreifen noch die pädagogische Theorie zu einer Wissenschaft ausgestalten, „deren ergebnisse sich auf das ‚objekt' der Erziehung ‚anwenden' ließen."[9] Für ihn entspricht dies einer falschen Ausweitung des „Paradigmas der mathematischen Naturwissenschaften" auf zwischenmenschliche Reflexions- und Handlungsfelder. Zur Erläuterung: Das

---

[4] Litt, T.: Staatsgewalt und Sittlichkeit. München 1948, S. 8.
[5] Vgl. ebenda.
[6] Vgl. Litt, T: Die bedeutung der pädagogischen theorie für die ausbildung des lehrers. In: pädagogik 1(1946)4, S. 22.
[7] Vgl. ebenda, S. 23.
[8] Vgl. ebenda.
[9] Vgl. ebenda, S. 24 f.

Paradigma der mathematischen Naturwissenschaften besagt, dass sich die moderne Wissenschaft einem Prozess verdanke, in dem der Mensch sich und die Welt durch die Anwendung moderner Forschungsmethoden quantifiziert, entsinnlicht, bedeutungsentleert und entindividualisiert habe. Daran sei zunächst noch nichts auszusetzen. Denn um zu Erkenntnissen über die anorganische, ja selbst über die Pflanzen- und Tierwelt zu gelangen, seien Quantifizierung, Entsinnlichung, Bedeutungsentleerung und Entindividualisierung unabdingbare Voraussetzungen. Das heißt, um die Natur als "'Sache' [...] theoretisch in den Blick und praktisch in den Griff zu bekommen"[10], sei von individuellen sinnlichen Eindrücken, dem persönlich Bedeutsamen, kurz: von den Besonderheiten des persönlichen Daseins abzusehen,[11] um als das von persönlichen Gegebenheiten gewissermaßen "gereinigte" *Subjekt* mit Hilfe einer für alle nachvollziehbaren *allgemein gültigen Methode* der Natur als Erkenntnis*objekt* gegenüberzutreten. Der Mensch erweise sich hier als fähig, "aus der Natur eine Ordnung herauszukonstruieren, zu der sie selbst auf Befragen ausdrücklich ihre Zustimmung gibt."[12] Doch während Litt nun auf der einen Seite zu wissen glaubt, dass von der Natur geradezu eine "Aufforderung" an den Menschen ergeht, das "Naturgeschehen in mathematische Formeln umzudenken"[13] und innerhalb der modernen "technisch-industrialisierten Arbeitsordnung" zur Anwendung zu bringen, erinnert er auf der anderen Seite daran, dass Fragen, die sich auf das Leben des Menschen beziehen – und darin sind die Gebiete der Erziehung und Bildung ausdrücklich eingeschlossen – keinesfalls in solche wissenschaftlichen Betrachtungen und technische Bearbeitung überführbar sind.[14] Dieser Einsicht stünde jedoch „eine tief wurzelnde und [...] immer stärker hervortretende neigung" entgegen, Erziehung als Subjekt-Objekt-Relation aufzufassen.[15] Ja, nicht wenige würden es „beklagen, daß das erzieherische handeln nicht zu der sicher-

---

[10] Litt, T.: Technisches Denken und menschliche Bildung. Heidelberg 1957, S. 44.
[11] Vgl. Litt, T.: Naturwissenschaft und Menschenbildung. Heidelberg 1968⁵, S. 56.
[12] Vgl. ebenda, S. 62.
[13] Vgl. Litt, T.: Die wissenschaftliche Hochschule in der Zeitenwende. In: Wissenschaft und Menschenbildung im Lichte des Ost-West-Gegensatzes, Heidelberg 1959², S. 223.
[14] Vgl. Litt, T.: Das Arbeitskollektiv und die staatlich-gesellschaftliche Lebensordnung. In: Wissenschaft und Menschenbildung im Lichte des Ost-West-Gegensatzes, a. a. O. S. 108.
[15] Vgl. Litt, T: Die bedeutung der pädagogischen theorie für die ausbildung des lehrers, a. a. O., S. 23.

heit des vorgehens entwickelt werden kann, die es als technik der menschenbearbeitung annehmen würde."[16] So meinen manche, auch Erziehung, die ja ein „verhältnis zum menschlichen mitwesen" darstelle, gelte „als das verhältnis zu einem zu erkennenden und zweckmäßig zu bearbeitenden objekt."[17] Ja, es sei „nach dem erörterten leicht zu verstehen, daß [...] der wunsch sich geltend gemacht hat, die pädagogische theorie zu einer wissenschaft ausgestaltet zu sehen, deren ergebnisse sich auf das ‚objekt' der erziehung ‚anwenden' ließen".[18] Der Grund dafür sei gewiss auch leicht einzusehen. Denn mit dem Ausbau der „Subjekt-Objekt-Relation" waren große Erfolge verbunden. Der Mensch wurde „in den Stand gesetzt, mit ständig wachsender sicherheit durch sein handeln die gewünschten erfolge herbeizuführen." Warum also sollte nicht die Versuchung entstehen, „alle formen des handelns, also auch die auf den mitmenschen bezüglichen, in die formen der subjekt-objekt-relation" zu überführen?[19] Das Ziel bestehe schlicht darin, „die ‚erkenntnis'" zu entwickeln, „die den menschen nach seiner beschaffenheit und seinem verhalten so genau wie möglich, schließlich in gesetzesform, zu bestimmen bedacht ist, und in ihrem gefolge die auf ‚anwendung' dieser erkenntnis beruhende ‚technik' der menschenbearbeitung."[20] [21]

Doch Litt widerspricht solchen Auffassungen nachdrücklich: Keinesfalls dürfe man sich der Illusion hingeben, der Mensch könne sich als *Subjekt* den Mitmenschen gegenüberstellen wie ein zu bestimmendes *Objekt* – wie einen Gegenstand, der ihm äußerlich bleibe oder ihn einfach nach induktiven Ermittlungsver-

---

[16] Ebenda, S. 25.
[17] Vgl. ebenda, S. 23.
[18] Vgl. ebenda, S. 24.
[19] Vgl. ebenda, S. 23.
[20] Ebenda.
[21] Für Theodor Litt gehört es zu den "Krankheitserscheinungen" der modernen Arbeits- und der Lebensordnung der beiden "einander entgegengesetzten politischen Systeme", die durch die "Verallgemeinerung von Naturwissenschaft und Technik" die "'Mechanisierung'" des Lebens förderten. So gebe es "innerhalb des amerikanischen Lebens [...] Bestrebungen [...], die denen der Sowjetunion fatal ähnlich" sähen. Doch insbesondere die "Sowjet-Ideologie" mute "propagandistisch ihren Menschen zu, diese Entwicklung als Vollendung des gesellschaftlichen Prozesses zu preisen und [...] vorwärtszutreiben." (Litt, T.: Das Problem der Menschenbildung in der modernen Wirtschaftswelt. In: Menschenbildung in der Wirtschaftswelt der Gegenwart. Bielefeld 1955, S. 24.)

fahren wie eine empirische Feststellung betrachten.[22] Eine solche Subjekt-Objekt-Spaltung[23], die sich mit dem Eintreten der mathematischen Naturwissenschaft ausgeweitet habe, sei nur bezogen auf Erkenntnisbemühungen über die außermenschliche Wirklichkeit legitim. Sie dürfe aber nicht auf das Leben des Menschen angewendet werden[24]; etwa so, als könne man es nach bestimmten, eigenen Gesetzen berechnen, nach Gesetzen des „Seelischen" oder des „Gesellschaftlichen" usf., denen das Leben der Menschen angeblich gehorche. Die Auffassung, das Leben des Menschen wie einen naturwissenschaftlichen Sachverhalt erforschen zu können, kämen dem Ansinnen gleich, eine "Technik" der "Seelenbearbeitung", "Staatsbearbeitung", "Gemeinschaftsbearbeitung" usw. installieren zu wollen. Dies entspreche einer "Vergewaltigung" des Seelenlebens und der "inneren Welt".[25] So sei auch „erzieherisches handeln" – meint Litt – „*nicht* angewandte erziehungstheorie, so wenig es angewandte psychologie, angewandte soziologie ist. Es hat mit technischem handeln nichts gemein."[26] Denn „unbeschadet der legitimität und der ergiebigkeit derjenigen wissenschaften, die sich um die Ergründung solcher ‚gesetze' bemühen, bleibt es dabei, daß das eigentliche und tiefste am menschen sich ihrem Zugriff für immer entzieht."[27]

Doch wie kann Bildungsgedanken begegnet werden, die dieser Einsicht widersprechen? Litts Antwort läuft auf folgendes hinaus:

2 Das missachtete „Umgangsverhältnis" und der „Segen der Reflexion"

Inzwischen sei vielfach in der „Praxis der politisch-gesellschaftlichen Systeme, deren Ehrgeiz es ist, sich dem Ideal der vollkommen in der Sache aufgehenden Gesellschaft [...] anzunähern", die Verpflichtung auf das naturwissenschaftliche

---

[22] Vgl. Litt, T.: Staatsgewalt und Sittlichkeit, a. a. O., S. 14 f.
[23] Vgl. Litt, T.: Selbsterkenntnis und technische Bemeisterung der Natur als Aufgaben des Menschen. In: Zeitschrift Vereinigung Deutscher Ingenieure, Bd. 96, Nr. 5, 11. Febr. 1954, S. 154 ff.
[24] Vgl. Litt, T.: Staatsgewalt und Sittlichkeit, a. a. O., S. 8 ff.
[25] Vgl. Litt, T.: Selbsterkenntnis und technische Bemeisterung der Natur als Aufgaben des Menschen, a. a. O., S. 157 f.
[26] Litt, T: Die bedeutung der pädagogischen theorie für die ausbildung des lehrers, a. a. O., S. 25.
[27] Ebenda, S. 24.

Paradigma auch für den Bereich der gesellschaftlichen Lebensordnung verordnet und zum allein bestimmenden Grundsatz erhoben worden.[28] Litt argumentiert, als man „die pädagogik als die ‚*technik der kultur*' bezeichnete, da war das siegel auf die hier maßgebende vorstellung gedrückt. Und zwar glaubte man sich dem ziele dieser wissenschaft um so näher, je genauer man die ‚*gesetze*', denen das leben der menschen angeblich gehorche, ausfindig gemacht zu haben überzeugt war. Ob diese gesetze dann des näheren als solche des ‚*seelischen*' oder als solche des ‚*gesellschaftlichen*' lebens aufgefaßt wurden, war demgegenüber eine frage zweiten ranges."[29]

Litt konstatiert eine unangemessene Ausweitung des Einflusses der Naturwissenschaften und ihrer Methoden, die zu einer geistigen, moralischen und politischen Katastrophe führen könne. Die hauptsächliche Sorge Litts gilt dabei dem Ausschließlichkeitsanspruch der „fälschlich absolut gesetzten Wissenschaft über das Ganze des Lebens" und der damit einhergehenden Verkümmerung des zwischenmenschlichen Umgangs in dem Drang, Menschen „gänzlich dem Gebot der Sache konform zu machen."[30]

Das missachtete „Umgangsverhältnis" entspricht für Litt gewissermaßen einer ursprünglicheren Lebenseinheit des Menschen mit der Natur, mit anderen Menschen und mit sich selbst. Es findet seinen Gegenstand gerade nicht wie die modernen rechnenden Wissenschaften, indem es allen Betrachtungen und Begegnungen einen Grundsatz oder Zweck vorsetzt, worin sich der Gegenstand nur in einem schon vorher bestimmten Sinne zeigen kann. Die anschauliche Mannigfaltigkeit des Gegebenen ist darin noch nicht in eine Hierarchie von Empfindungsdaten – geordnet nach Kriterien und Werten – eingebunden. Im umgänglichen Verhältnis wird dem Gegebenen nicht in einem (hypothetischen) Vorgriff ein Grund, eine Ursache oder eine Wirkung in einer allgemeingültigen Weise gesetzt.

---

[28] Vgl. Litt, T.: Das Bildungsideal der deutschen Klassik und die moderne Arbeitswelt. Zweiter systematischer Teil (1955). In: Litt, T.: Pädagogische Schriften. Eine Auswahl ab 1927, besorgt von Albert Reble, Bad Heilbrunn 1995, S. 257 ff.

[29] Litt, T: Die bedeutung der pädagogischen theorie für die ausbildung des lehrers, a. a. O., S. 24.

[30] Vgl. Litt, T.: Das Bildungsideal der deutschen Klassik und die moderne Arbeitswelt. Zweiter systematischer Teil, a. a. O., S. 257 ff.

Während sich für Litt Wissenschaft mit mittelbarem Vorstellen innerhalb eines abstrakt-formalen Relationsgefüges verbindet, ist im Umgangsverhältnis das Betrachtete unmittelbar Gegebenes und noch nicht Allgemeines, das für viele gilt. Die von den Wissenschaften entworfenen und ermittelten Resultate werden nicht unmittelbar vorgefunden; es bedurfte ja erst der Mittel und Methoden, um sie (vermittelt) zu bilden. Im Umgangsverhältnis hingegen ist das Vorgestellte, das angeschaute Gegebene, das in keiner vorhergehenden und festsetzenden Konstellation fixiert und erfasst ist. Litt bestimmt das sich im Umgangsverhältnis Offenbarende, das gewissermaßen vor der Versachlichung und Vergegenständlichung begegnet, als Wesentliches und in seinem Wesen Anzuerkennendes. Die Fähigkeit des Menschen, sich entsprechend der Anforderungen in den Naturwissenschaften und in der modernen Technologie zu einem quantifizierenden Erkenntnissubjekt disziplinieren zu können, dem die Natur zu einer mehr oder minder beherrschbaren Sache geworden ist, besagt also keineswegs, dass sich jegliche Lebens- und Weltverhältnisse vollständig auf diese Weise erfassen ließen.

Im Gegenteil: Insbesondere dort, wo es darauf ankomme, „menschen für eine bestimmte sache zu gewinnen oder zu einem bestimmten verhalten zu bewegen," fühle „man sich [dann, G.] gedrängt, das menschliche gegenüber wie ein objekt zu visieren, das man auf grund planender vorausberechnung in eine bestimmte verfassung zu bringen" habe. „Je mehr die objektbetrachtung die oberhand gewinnt" – meint Litt –, „um so sicherer geht der erzieherische wille in jene pseudopädagogische herrschsucht über, der es nur darauf ankommt, am zögling bestimmte, aus welchen gründen auch immer erwünschte wirkungen hervorzubringen."[31]

Es komme deshalb einmal darauf an, die theoretisch-empirische Einstellung, die der Mensch in den rechnenden Wissenschaften gegenüber der Natur als dem Objekt seines zweckrationalen Handelns einnimmt, nicht zu verabsolutieren. Der „Segen" einer zwischen Umgang und Wissenschaft differenzierenden Reflexion[32] könnte nach Litt in diesem Zusammenhang darin liegen, dass eine solche Reflexion hilfreich ist, um zu verhindern oder zumindest zu erschweren, dass wir

---

[31] Vgl. Litt, T: Die bedeutung der pädagogischen theorie für die ausbildung des lehrers, a. a. O., S. 24.

unser umgängliches Mensch- und Naturverhältnis auf ein szientifisch technisches verkürzen, und dass das Paradigma der Naturwissenschaften zum Einheits- und Universalparadigma erhoben werden kann. Denn wo wir dieser Gefahr erliegen, da verlieren wir die Freiheit, zu diesem Paradigma noch einmal in ein reflektiertes Verhältnis zu treten. Insofern dürfe nicht darauf verzichtet werden, die Differenzen zwischen wissenschaftlicher und umgänglicher Welterfahrung bewusst zu machen sowie Räume für Umgangserfahrungen zu kultivieren. Die Reflexion über die Abstimmungsprobleme von Wissenschaft, Technik und menschlich-umgänglicher Praxis ist für Litt grundlegend wichtig. Daraus resultiere freilich immer wieder die Freiheit und Gewagtheit, sich neu zu entwerfen und selbst seine Daseinsform geben zu müssen. Dies bedeute zwar Verzicht auf innere Harmonie und bleibe immer mit dem Risiko schwerer Selbstgefährdung verbunden; die Erlösung von der Qual der Wahl – so argumentiert Litt – sei aber nur um den Preis einer wie auch immer verkürzenden Uniformität der Gesinnung zu haben. Wer sie vermeiden will – so könnte man dem Gedanken Litts hinzufügen – dürfte sich keinesfalls auf einen Bildungsgedanken im Sinne eines verbindenden und verbindlichen Bildungsideals einlassen. Denn der enthält den zum Sachdienst Disziplinierten schlicht eine reflektierende Auseinandersetzung mit der Wirklichkeit vor.

Er folgt der Illusion, man könne mit Hilfe moderner naturwissenschaftlicher Methoden alle Lebensprobleme in Sachprobleme transformieren und technisch lösen und damit der Idee einer materialen Bildung, welche den Menschen zu einem Träger wünschenswerter Eigenschaften im Dienste vermeintlicher Sachgesetzlichkeiten unzulässig reduziert.

3 Von der Kritik am ganzheitlichen Denkansatz im Faschismus und an der „Formel von der erzieherischen ‚Autonomie'" zur Forderung nach „relativer Autonomie" in der Pädagogik

Ein Verdienst in der Argumentation Litts liegt darin, reflexionsorientierte Offenheit zu fördern, indem er für ein grenzbegriffliches Bewusstsein von der

---

[32] Litt, T.: Das Bildungsideal der deutschen Klassik und die moderne Arbeitswelt. Bonn 1957, S. 120 ff.

Reichweite und Gültigkeit (wissenschaftlichen) Wissens sensibilisiert, und damit einseitige (verwissenschaftlichte) Weltsichten vermeidet.
Im Anschluss an diese Klärung hält Litt es fernerhin für ein Ergebnis seiner Untersuchung, alle jene Bestrebungen aus dem Pädagogischen ausgeschlossen zu haben, denen es nicht um den Einzelnen geht. In diesem Zusammenhang werden ihm nun auch die gängigen Denkweisen während der Zeit des Faschismus problematisch. Denn dort habe man ja nachdrücklich erklärt, „daß es, wie in allem höheren bestreben, so auch in der erziehung *nicht* um den einzelnen, sondern um das ganze des volkes gehe."
Der Einwand, der in einer Reihe von Schriften anklingt, läuft zunächst auf folgendes hinaus: Im Faschismus sei es stets nur um ein „Ganzes" gegangen. „Die führer des verflossenen politischen systems wollten dem volk bzw. der rasse das monopol der geschichtsbildenden wirkung zuschieben."[33] Das heißt, zugrunde gelegt wurden verbindliche und verbindende überpersönliche „Mächte" respektive geschichtsbildende Ideale, von denen man behauptete, sie ordneten das Leben der Menschen in einem ganzheitlichen Sinne.[34]

---

[33] Vgl. Litt, T: Die bedeutung der pädagogischen theorie für die ausbildung des lehrers, a. a. O., S. 25 f.

[34] Dabei lasse sich die „deutsche Welt", betrachte man ihre Geschichte, nun aber gerade nicht als ein Ganzes „in ein System von festen Formeln einfangen [...] – mögen nun diese Formeln aus einem mythisch-prähistorischen ‚Urbesitz' oder aus dem vergänglichen Gehalt der unmittelbaren Gegenwart abgezogen sein!" (Vgl. Litt, T.: Die Stellung der Geisteswissenschaften im nationalsozialistischen Staate. In: Die Erziehung 9(1934), S. 30.) So sei etwa der Versuch geschichtlichen Verstehens „nicht die Bemühung eines allgemeingültigen, ‚rein' wissenschaftlichen Denkens um einen logisch zu bestimmenden ‚Gegenstand', sondern die Begegnung eines konkreten gegenwärtigen Seins, das Erfüllung und Erweiterung sucht, mit einem konkreten vergangenen Sein, das solche Erfüllung verspricht." (Ebenda, S.27.) Die Antwort auf die Frage nach der Besonderheit jener „Begegnung" zwischen dem die Geschichte erforschenden „Subjekt" und dem zu erkennenden historischen „Objekt", welche sich für Litt ja ausdrücklich den Denkmustern des (natur-)wissenschaftlich ausgerichteten Paradigmas verschließt, formuliert er folgendermaßen: Die Begegnung „bedeutet für das zu erkennende historische ‚Objekt', daß es unter dem Blick des späteren Betrachters und Erforschers eine Gestalt annimmt, die ihm nur in dieser *bestimmten* Begegnung gerade so zuteil werden konnte; sie bedeutet für das erkennende historische Subjekt, daß es in der Berührung mit der Vergangenheit sein eigenes Sein nicht etwa [...] ‚auslöscht', daß es sich nicht zum bloß hinnehmenden Spiegel des Vergangenen entselbstet, sondern sich selbst als plastische Kraft mit in die Begegnung hineingibt." (Ebenda, S. 27 f.)

Der Prinzipienfehler scheint für Litt darin zu bestehen, dass pädagogische, ja jegliche menschliche Praxisbereiche unter Kategorien überpersönlicher Werdezusammenhänge subsumiert werden. Der Annahme eines vermeintlich zweckvoll ordnenden Ganzen, eines Weltprinzips (das sich beispielsweise aus dem angeblich „mythisch-prähistorischen ‚Urbesitz'" oder sonst irgendwie aus überpersönlichen, teleologischen Ordnungsmustern herleitet) wird der Status sinnstiftender Handlungstheorie zuerkannt. Für jene, die davon ausgehen, würde alsdann eine bereits prädeterminierte Bestimmtheit des Menschen folgen, etwa derart, als könne er seine Bestimmung aus der Welt teleologisch entlehnen. Seine eigene Mitwirkung daran erscheint hier allenfalls nachgeordnet. Sie folgt der verpflichtenden, Welt erfassenden und umspannenden Ganzheitstheorie, deren Legitimation und Führungsanspruch aber gerade nicht als nachgewiesen gelten könne. Der Fehlschluss liegt überdies darin, dass nicht nur pädagogische, sondern beispielsweise auch politische oder ethische Fragen nur noch unter solchen Aspekten betrachtet werden, die aus den dem Ganzen angeblich zuzuordnenden Gesichtspunkten resultieren und jene allein als maßgebliche Antworten auf alle Lebensfragen ausgegeben werden. Mithin würden Möglichkeiten und Aufgaben pädagogischen Handelns bloß aus den Kategorien einer Gesamtteleologie abgeleitet und auf diese Weise unangemessen verkürzt. In diesem problematischen Sinne käme es bloß darauf an, alle menschlichen wie gesellschaftlichen Gegebenheiten daraufhin zu prüfen, ob sie dem „Ganzen" genügen und – falls nicht – Menschen und ihre Angelegenheiten allein darauf hin auszurichten und zu verändern. Damit – so mag man Litt weiter interpretieren – würde der Illusion gefolgt, Lebenssituationen verlässlich (gewissermaßen auf der Grundlage eines festen Formelgefüges) prognostizieren und die entsprechenden Lebensorientierungen verbindlich vorgeben zu können. Insofern verführten jene Auffassungen zugleich zu der trügerischen Annahme, als könne – etwa aus einem vermeintlichen „mythisch-prähistorischen ‚Urbesitz'" – eine Bildungsaufgabe erwachsen, in der die bloß noch zu übernehmenden Muster der Lebensbewährung vorgegeben werden könnten, in der Meinung, nun mit der vermeintlich erkannten Formel resp. Ordnung der Welt übereinzustimmen. Dem entspreche ein Bildungsgedanke, der Denk- und Handlungsweisen voraussetzt, in denen Subjekt und Objekt auf Anwender und Anwendungsfälle der zum Begriff der Wirklichkeit hypostasierten zweckgerichteten resp. geschichtlichüberpersönlichen Mächte verkürzt würden. Eine solche Bildung reduziere aber den Menschen lediglich zu einem Träger wünschenswerter Eigenschaften im Dienste eines instrumentellen Handlungs- und Weltverständnisses, das allein durch die von den ganzheitlichen Ordnungsmustern bereitgestellten Lebensformeln – gleichsam technologisch – berechenbar wird.[35] Sie verharre in dem Glauben, den zu Erziehenden auf bestimmte Verhaltensweisen festlegen zu können und ihn nicht als ein der reflexiven Erfahrung und Erkenntnisgewinnung fähiges, sondern als ein heteronom bestimmbares Wesen zu behandeln.

Die Frage, wie erzogen werden soll und welche Aufgaben der Bildung zugesprochen werden können, wäre damit für Litt keinesfalls befriedigend beantwortet. Und er meint auf der einen Seite, durch seine bisherige Kritik die erörterte Fehlform auch begründet abweisen zu können. Auf der anderen Seite rückt für ihn nun allerdings noch eine weitere, eine beinahe entgegengesetzte Fehlform pädagogischen Denkens in den Blick, die die „geschichtlichen Mächte" meint ignorieren zu müssen. Es ist die Fiktion der „pädagogischen Autonomie". Sie sei auf folgendes hinausgelaufen: „'Autonom' sollte der erzieherische gedanke vor allem insofern sein, als ihm die aufstellung der pädagogischen ziele, die bestimmung der pädagogischen werte, die auswahl der pädagogischen güter zu überlassen sei."[36] Allzu oft würden vor allem „Praktiker" der „Versuchung" unterliegen, die „schulstube als eine welt anzusehen, die um ihren eigenen mittelpunkt kreist und nicht nach der außerschulischen wirklichkeit zu fragen

---

[35] Litt wendet sich damit nachdrücklich gegen ein ausgearbeitetes Bildungsideal, das dem erzieherischen Bemühen zwingend vorangestellt werden könnte. Bezogen auf politische Systeme bleiben für ihn selbst Entscheidungen für die eine oder andere Form von Demokratie stets an eine nicht abschließbare, hinterfragende Prüfung gebunden. So schrieb Litt einmal in einem Brief an Heinrich Deiters: "Soll der Lehrer seine Autorität dazu benutzen, für die von ihm gewünschte Form der Demokratie bei werdenden Menschen Propaganda zu machen? Ich bin nach wie vor der Meinung, daß er sich, wenn er es täte, schwer am Geist der Erziehung versündigen würde." (Litt, T.: Brief an Heinrich Deiters vom 15.7.1946. In: Nachlas Heinrich Deiters, Archiv der Abteilung allgemeine Erziehungswissenschaft der Humboldt-Universität zu Berlin, DIPF/BBF 0. 0. 4. 05/2, (III/B/Akte 62).; vgl. auch Benner, D./Sladek, H.: Das Gesetz zur Demokratisierung der deutschen Schule und die unterschiedliche Auslegung seiner harmonistischen Annahmen zum Verhältnis von Begabung und Bestimmung in den Jahren 1946/47. In: Krüger, H.-H./Marotzki, W. (Hrsg.): Pädagogik und Erziehungsalltag in der DDR. Opladen 1994, S. 37-54.)

[36] Litt, T: Die bedeutung der pädagogischen theorie für die ausbildung des lehrers, a. a. O., S. 26.

braucht."[37] Damit verbunden sei jene Auffassung, welche „die relation erzieher – zögling [bloß, G.] wie ein für sich bestehendes, aus sich allein verständliches geschehen" betrachte. Diese habe sich aber als untauglich erwiesen. Denn die „isolierung des pädagogischen bezuges", dieser glaube „an ein ‚*natürliches*' system der erziehung" widerstreite der „tatsächlichen lage der dinge". Litt macht darauf aufmerksam, dass „jede, auch die geringfügigste erzieherische handlung [...] durchwirkt (ist, G.) von beziehungen, die über die grenzen dieses interpersonalen verhältnisses hinausführen." So sei eigens der Charakter von Geschichtlichkeit zu beachten, „der jeder erzieherischen situation ihr besonderes gepräge" gebe. Der „anteil der geschichtlichen lage an jeder erzieherischen bemühung" – Litt führt in diesem Zusammenhang auch den weiter gefassten Begriff der „geistigen Lage" an – dürfe schlicht nicht übergangen werden.[38] Sie lasse sich nicht einfach wegeskamotieren oder an den Grenzen der pädagogischen Provinz abweisen. Angesichts dieser Sachlage erweist sich die Formel von der „Autonomie" der Pädagogik nun als obsolet.

Was aber bleibt? Zunächst dies: „Für pädagogische ‚*autonomie*' bleibt kein raum." Denn es müsse stets bedacht werden, erhärtet Litt seinen Einwand, dass „jeder pädagogische Vorgang eingebettet [sei, G.] in das überpersonale ganze einer einmaligen geistigen lage." Und die ist für Litt „je und je eine *geschichtliche* lage".[39] Insofern weise eben auch das „tun des erziehers" Besonderheiten auf, „die ihm vermöge seiner geschichtlichen ortsbestimmtheit zu eigen" seien.[40] Litt geht noch weiter, wenn er voraussetzt: „Durch die geschichte in ihrem wesen bestimmt sind erzieher und zögling." Für die pädagogische Theorie ergibt sich daraus nicht nur die Aufgabe, sie solle „die konkretheit der lage, in der er [der Lehrer, G.] sein werk verrichtet, mit in sich hineinnehmen [...]". Mehr noch, sie habe ihm „zur klarheit darüber [zu, G.] verhelfen, wie sich sein erzieherisches handeln in allen einzelzügen mit den voraussetzungen, den forderungen und den notwendigkeiten der geschichtlichen stunde ineinanderfügt. Sie soll ihm den sinn und die bestimmung der von ihm herbeizuführenden bildungsvor-

---

[37] Vgl. ebenda, S. 27.
[38] Vgl. ebenda, S. 26.
[39] Vgl. ebenda, S. 27.
[40] Vgl. ebenda, S. 26.

gänge klären [...]" Die pädagogische Theorie habe dem Lehrer insofern schlicht „ein *geschichtliches standortbewußtsein*" zu geben.[41]
Hier ergibt sich freilich ein Dilemma. Das gipfelt in der Frage, was unterscheidet eigentlich Litts Auffassungen zum geschichtlichen Standortbewusstsein respektive zur geistig-geschichtlichen Lage von den geschichtsbildenden Mächten „Volk", „Gesellschaft", „Menschheit" usf. mithin also auch den Annahmen im Faschismus? Hier wie dort handelt es sich um sogenannte „überpersönliche Mächte" denen Litt jeweils die Synonyme „geschichtliche Mächte" resp. „geistige" bzw. „geschichtliche Lage" zuordnet.

An dieser Stelle führt Litt den Begriff der „relativen Autonomie" ein. Er relativiert gewissermaßen die Position der oben erläuterten „pädagogischen Autonomie" (ohne sie ganz aufzugeben). Dadurch behalten die sogenannten überpersönlichen Mächte vollkommen ihre Bedeutung. Es geht Litt schlicht darum, sich den überpersönlichen Mächten resp. dem übergeordneten Ganzen usf. verpflichtet zu fühlen, ohne die angeblichen Weisungen dieses Ganzen an die Stelle denkerischer Selbstverantwortung zu setzen.[42]

Dementsprechend folgt für den Erzieher (im Gegensatz zum Faschismus) kein Diktat eines übergeordneten, zweckvoll ordnenden Ganzen, eines Weltprinzips im Sinne festgefügter Bildungsideale, nach denen sich Erziehung und Bildung auszurichten hätten. Erziehen heißt nun nicht mehr bloß (wie im Faschismus) das vermeintliche Gebot der überpersönlichen Mächte gehorsam ausführen, sondern vielmehr aus „eigener einsicht und verantwortung an dem walten dieser mächte teilnehmen."[43] [44] Wie Litt sich dies vorstellt, erschließt sich aus folgender Textstelle: „Es ist, wie wir [Litt, G.] jetzt sagen dürfen, eine *‚relative Autonomie'*, mit der der lehrer dem lebensgehalt seiner epoche und dem bildungsgehalt seiner erziehenden tätigkeit gegenübersteht. Er kann und er soll sich von

---

[41] Vgl. ebenda, S. 27.
[42] Vgl. Litt, T.: Die Stellung der Geisteswissenschaften im nationalsozialistischen Staate, a. a. O., S. 32.
[43] Vgl. Litt, T: Die bedeutung der pädagogischen theorie für die ausbildung des lehrers, a. a. O., S. 30.
[44] Der Erzieher verstehe sich insofern gerade nicht als der gehorsame Vollstrecker der Weisungen, die das überpersönliche Ganze vermeintlich an ihn ergehen lässt. (Vgl. Litt, T: Die bedeutung der pädagogischen theorie für die ausbildung des lehrers, a. a. O., S. 29.)

diesen Mächten nicht emanzipieren [...] Aber er darf sich ihnen auch nicht so anheimgeben, wie man ein übergewaltiges fatum in stummer ergebenheit hinnimmt." Das verlangt freilich vom praktisch wirkenden Pädagogen, jener müsse stets zwischen sich als tätigem Menschen in der Gesellschaft und als Erzieher zu unterscheiden wissen. Damit meint Litt ihm eine besondere „Stellung" zuweisen zu können, nämlich „*oberhalb* des getriebes, in das er als tätiger mensch einbezogen ist. Denn nur in dieser stellung kann er die überlegenheit wahren, die ihn befähigt, den gehalten des geistigen lebens mit sichtendem und richtendem urteil gegenüberzutreten. [...] Es besteht die möglichkeit, von staat und gesellschaft, von kunst und wissenschaft, von sittlichkeit und religion, von erziehung und bildung so zu handeln, daß das wesentliche dieser ewigen menschheitsanliegen deutlich zur sprache kommt und trotzdem jedes eintreten in den kampf der meinungen, der sich an diesem anliegen immer von neuem entzündet, unterlassen wird."[45]

Diese von Theodor Litt entwickelten Auffassungen, die sich im Begriff der „relativen Autonomie" der Pädagogik bündeln, sind gedanklich stringent und problematisch zugleich. Stärken und Schwächen der Position Litts liegen damit dicht beieinander. Sie sollen abschließend entfaltet werden.

4 Kritik

Da Litt jeglichen „Absolutheitsanspruch"[46] für die eigene Position des Lehrers oder fixierend dogmatische Bildungsideale zurückweist, tritt er offenkundig für ein Indoktrinations- und Manipulationsverbot ein: „Trachten wir danach, den lehrer zu erziehen, der es sich unnachsichtig verbietet, die jugendlichen seelen vor der zeit auf die meinungen und wollungen festzulegen, denen er sich als tätiger mensch gelobt, vielmehr darauf bedacht ist, diese seelen so weit, offen und beweglich zu halten, daß sie dereinst [...] sich selbst ihren lebensweg zu wählen imstande sind! Zu dieser wahrhaft pädagogischen haltung den lehrer

---

[45] Litt, T: Die bedeutung der pädagogischen theorie für die ausbildung des lehrers, a. a. O., S. 31.
[46] Vgl. ebenda, S. 32.

fähig und willig zu machen – das ist die aufgabe, der auch die pädagogische theorie an ihrem teile zu dienen hat."[47]
Dennoch kann eine naheliegende kritische Frage damit nicht abgewiesen werden: So könnte man doch vermuten, es käme einer irrealen Aufforderung zur „Schizophrenie" gleich[48] oder sei doch zumindest sehr unrealistisch, vom Lehrer zu verlangen, seine eigenen Überzeugungen zu verabschieden. Denen, die so argumentieren, begegnet Litt kurzerhand mit der Antwort: „Wer das für unmöglich hält [...], der soll eben nicht lehrer werden [...]"
Diese Antwort erscheint auf den ersten Blick recht unbefriedigend. Auf die Frage nach einer möglichen theoretischen Begründung wird man dann jedoch schnell fündig. Denn beachtet man Litts Forderung, jeder Lehrer habe (statt „in den Kampf der Meinungen" einzutreten) danach zu trachten, „das grundgefüge des menschlichen seins [geschichtliche Mächte, geistige bzw. geschichtliche Lage, G.] in [...] klarheit zu durchschauen", dann betrifft das ja ausdrücklich ein Gebiet „oberhalb des getriebes, in das er als tätiger mensch einbezogen ist."[49]
Das aber besagt, es verschließt sich strikt dem objektbestimmenden Denken und lässt insofern schon deshalb zu keinem Zeitpunkt eine feste Positionsbestimmung zu. Litt entwirft hier gleichsam die geschichtlich-gesellschaftliche Seite des oben erläuterten Umgangsverhältnisses. Nur dann ist das „geschichtliche Standortbewusstsein", das jeder Lehrer (im Umgang) erwirbt, auch tatsächlich etwas ganz anderes als ein festgefügtes Leittelos und Bildungsideal, das – etwa wie im Faschismus – indoktrinationsbegünstigend wirkt. Was im „Umgang" des einzelnen Menschen in Gestalt der unableitbaren Individualität der Person begegnet, tritt – so Litt – im Rahmen der großen Welt „uns als die *geschichtlichkeit* des menschlichen daseins und wirkens entgegen. Denn auch die großen gemeinschaften, diese überpersönlichen träger der geschichtlichen entwicklung, leben aus einem in gesetzesform nicht faßbaren grunde individuellen seins, wie sie denn auch in formen nahetreten, die dem bau der ich-du-relation vollkommen entsprechen."[50]

---

[47] Ebenda.
[48] Vgl. Eichler, W.: Der Stein des Sisyphos. Studien zur Allgemeine Pädagogik in der DDR. Münster 2000, S. 46.
[49] Vgl. Litt, T: Die bedeutung der pädagogischen theorie für die ausbildung des lehrers, a. a. O., S. 31.
[50] Vgl. ebenda, S. 25.

Obwohl Theodor Litt damit problematische Leit- resp. Bildungsideale vermeidet und sich sicherlich noch einmal deutlich von den Ansichten im Faschismus abgrenzt – darin liegt nicht nur die Grundlage für seinen Widerspruch zu (faschistischer) Indoktrination, sondern auch die theoretische Stärke seiner Argumentation –, entfaltet sich hier vielleicht die schwerwiegendste Schwäche seiner Bildungstheorie.

Denn ebenso wie etwa das „Volk" als geschichtsbildender Wert mit bildungsidealer Leitfunktion problematisch ist, erweisen sich die von Litt im Umgangsverhältnis angesiedelte „geschichtliche gesamtbewegung" oder die von ihm beschworenen „großen geschichtlichen mächte" usw. als heikel.

Wenn er etwa meint, der Erzieher könne „den geschichtlichen standort seines geschlechts als solchen sehen"[51], so spricht nämlich einiges dafür, dass Litt die Hoffnung hegt, mit diesen „überpersönlichen Mächten" in etwas Wesentlicheres, das gewissermaßen noch hinter dem bloß objektbestimmenden und immer auch verkürzenden Denken liegt und das uns offenbar in umgänglichen Verhältnissen begegnet, eindringen und sowohl bildungstheoretisch wie erziehungspraktisch als Korrektiv nutzen zu können. Das gipfelt beispielsweise im Vertrauen auf eine gutartige geschichtliche Wendung, die von der (richtig erzogenen) heranwachsenden Generation abhängt. Litt ist hier folgender Ansicht: „Denn gerade von der haltung der heranwachsenden generation wird es abhängen, ob und wieweit der deutsche mensch sich mit den großen geschichtlichen mächten, die an seinem wesen geformt haben, wieder in das rechte verhältnis zu setzen vermag, ob er weitblickend und weitherzig genug sein wird, um den reichtum seiner vergangenheit unentstellt und ungeschmälert in sich zur wirkung kommen zu lassen. Dem geschlecht der nachrückenden zu dieser aufgeschlossenheit zu verhelfen – das wird eine wesentliche aufgabe der lehrenden sein. Und sache der pädagogischen theorie ist es hinwiederum, diesen selbst den ausblick in die weite dieser landschaft zu eröffnen."[52]

Theodor Litt bezieht sich hier ausdrücklich auf ein wirkmächtiges (umgänglich zugängliches) Wesen des Menschen und seiner (unentstellten) Geschichte, von denen (wechselseitig) etwas ausstrahlt und sich (unverkürzt und uneingeschränkt) offenbart. In derselben Weise meint Litt zum Umgangsverhältnis im

---

[51] Vgl. ebenda, S. 29.
[52] Ebenda, S. 28 f.

Allgemeinen, dort sei uns das „konkret-beseelte Antlitz" zugekehrt. Desgleichen bezieht er sich auf die „dem Umgang entfließenden Gewißheiten", die nur diesem „vorbehaltene und nur im Umgang zu gewinnende ‚Wahrheit'" usw.[53] Sollte Litt hier tatsächlich in eine Unmittelbarkeit von Wirklichkeit vordringen wollen, die uns schlicht unverfügbar ist – und manches spricht dafür –, dann bleibt von seiner Bildungstheorie freilich kaum mehr übrig als mangelhafte Metaphysik, die dem Trugschluss erliegt, eine Selbstoffenbarung *der* Geschichte resp. *der* Wirklichkeit zu erhoffen, sobald man aus dem objektbestimmenden Denken in ein Umgangsverhältnis tritt.

Literaturverzeichnis

Benner, D./Sladek, H.: Das Gesetz zur Demokratisierung der deutschen Schule und die unterschiedliche Auslegung seiner harmonistischen Annahmen zum Verhältnis von Begabung und Bestimmung in den Jahren 1946/47. In: Krüger, H.-H./Marotzki, W. (Hrsg.): Pädagogik und Erziehungsalltag in der DDR. Opladen 1994, S. 37-54.

Benner, D./Sladek, H.: Vergessene Theoriekontroversen in der Pädagogik der SBZ und DDR 1946 - 1961. Weinheim 1998.

Eichler, W.: Der Stein des Sisyphos. Studien zur Allgemeine Pädagogik in der DDR. Münster 2000.

Hepp, G.: Demokratische Entwicklung und Erziehung zum Staatsbürger - ein deutscher Sonderweg. In: Geschichte-Erziehung-Politik 7(1996)3.

Gatzemann, T.: Das Projekt der *ideologisch-verwissenschaftlichten* Menschenbildung. Bildungstheoretisch-problemgeschichtliche Analysen zu Indoktrination

---

[53] Vgl. Litt, T.: Das Bildungsideal der deutschen Klassik und die moderne Arbeitswelt. Zweiter systematischer Teil (1955)., a. a. O., S. 252 ff.

und politischer Bildung in Deutschland zwischen 1945 und 1970. Frankfurt a. M. 2003.

Klafki, W.: Die Pädagogik Theodor Litts. Eine kritische Vergegenwärtigung. Königstein/Ts. 1982.

Litt, T.: Brief an Heinrich Deiters vom 15.7.1946. In: Nachlas Heinrich Deiters, Archiv der Abteilung allgemeine Erziehungswissenschaft der Humboldt-Universität zu Berlin, DIPF/BBF 0. 0. 4. 05/2, (III/B/Akte 62).

Litt, T.: Das Bildungsideal der deutschen Klassik und die moderne Arbeitswelt. Bonn 1957.

Litt, T.: Das Bildungsideal der deutschen Klassik und die moderne Arbeitswelt. Zweiter systematischer Teil (1955). In: Litt, T.: Pädagogische Schriften. Eine Auswahl ab 1927, besorgt von Albert Reble, Bad Heilbrunn 1995.

Litt, T.: Das Arbeitskollektiv und die staatlich-gesellschaftliche Lebensordnung. In: Wissenschaft und Menschenbildung im Lichte des Ost-West-Gegensatzes. Heidelberg 1959^2, S. 67-113.

Litt, T.: Das Problem der Menschenbildung in der modernen Wirtschaftswelt. In: Menschenbildung in der Wirtschaftswelt der Gegenwart. Bielefeld 1955, S. 23-42.

Litt, T: Die bedeutung der pädagogischen theorie für die ausbildung des lehrers. In: pädagogik 1(1946)4, S. 22-32.

Litt, T.: Die Stellung der Geisteswissenschaften im nationalsozialistischen Staate. In: Die Erziehung 9(1934), S. 12-32.

Litt, T.: Die wissenschaftliche Hochschule in der Zeitenwende. In: Wissenschaft und Menschenbildung im Lichte des Ost-West-Gegensatzes, Heidelberg 1959^2, S. 185-227.

Litt, T.: Naturwissenschaft und Menschenbildung. Heidelberg 1968[5].

Litt, T.: Selbsterkenntnis und technische Bemeisterung der Natur als Aufgaben des Menschen. In: Zeitschrift Vereinigung Deutscher Ingenieure, Bd. 96, Nr. 5, 11. Febr. 1954, S. 154-159.

Litt, T.: Staatsgewalt und Sittlichkeit. München 1948.

Litt, T.: Technisches Denken und menschliche Bildung. Heidelberg 1957.

Autorenverzeichnis

Beutler, Kurt, Dr. phil., Dipl.-Hdl., emeritierter Professor für Erziehungswissenschaft an der Universität Hannover

Böhm, Winfried, Prof. Dr. Dr. h.c., lehrt Pädagogik an der Julius-Maximilians-Universität Würzburg

Gatzemann, Thomas, PD Dr. phil. habil, Diplomlehrer, wissenschaftlicher Mitarbeiter an der Technischen Universität Chemnitz im Fachgebiet Allgemeine Erziehungswissenschaft

Göing, Anja-Silvia, Dr. phil., Wissenschaftliche Assistentin am Fachbereich Pädagogik der Universität der Bundeswehr Hamburg

Hartmann, Uwe, Dr. phil., Dipl. Päd., M.A. in National Security Affairs, Oberstleutnant im Generalstabsdienst, zur Zeit Referent im Bundesministerium der Verteidigung in der Abteilung für Militärpolitik und Rüstungskontrolle

von Prondczynsky, Andreas, Dr. phil. habil, Professor für Allgemeine Pädagogik am Institut für Allgemeine Pädagogik und Erwachsenenbildung/ Weiterbildung an der Universität Flensburg

Stühmer, Alexander, Oberleutnant, Dipl.-Päd., tätig im 5. Jägerlehrbataillon 353 in Hammelburg

Wegner, Bernd, Dr., Professor für Neuere Geschichte unter Berücksichtigung der westeuropäischen Geschichte an der Universität der Bundeswehr Hamburg

Gerhard de Haan / Tobias Rülcker (Hrsg.)

Hermeneutik und Geisteswissenschaftliche Pädagogik

Ein Studienbuch

Frankfurt am Main, Berlin, Bern, Bruxelles, New York, Oxford, Wien, 2002. 480 S.
Berliner Beiträge zur Pädagogik. Herausgegeben von Tobias Rülcker. Bd. 3
ISBN 3-631-39299-0 · br. € 24.80*

Der vorliegende Band ist in Form eines Studienbuches die Rekonstruktion der Theorietradition der Geisteswissenschaftlichen Pädagogik. Sein Ziel ist es, Lehrenden wie Studierenden einen Zugang zu diesem wichtigen pädagogischen Paradigma zu eröffnen. Dazu sind in Originalbeiträgen wichtige philosophische Basistexte aus dem Bereich der Geisteswissenschaften und der Hermeneutik, Grundlagentexte der geisteswissenschaftlichen Pädagogik sowie Texte zur kritischen Auseinandersetzung mit und zur aktuellen Rezeption dieser Tradition zusammengestellt. Darüber hinaus enthält der Band eine längere Einleitung sowie Hinweise zu den Autoren und Kommentare zu den Originaltexten. Das Buch eignet sich also sowohl als Grundlage von Seminarveranstaltungen wie zum Selbststudium.

Aus dem Inhalt: Hermeneutik und Geisteswissenschaften · Die Begründer der Geisteswissenschaftlichen Pädagogik: Nohl, Flitner, Spranger, Weniger, Litt · Die Weiterentwicklung: Gadamer · Kritik: Habermas, Mollenhauer, Brezinka, Benner · Neuere Rezeption: Hennigsen, Baacke, Parmentier · Geisteswissenschaftliche Pädagogik und Nationalsozialismus

Frankfurt am Main · Berlin · Bern · Bruxelles · New York · Oxford · Wien
Auslieferung: Verlag Peter Lang AG
Moosstr. 1, CH-2542 Pieterlen
Telefax 00 41 (0) 32 / 376 17 27

*inklusive der in Deutschland gültigen Mehrwertsteuer
Preisänderungen vorbehalten
Homepage http://www.peterlang.de